내 아이의 부자 수업

한국경제신문

어릴 때의 돈 공부가 미래의 부자를 만든다

투자의 귀재라고 불리는 워런 버핏(Warren Buffett), 구글(Google)의 설립자 래리 페이지(Larry Page), 미디어 그룹 블룸버그의 창립자이자 정치인 마이클 블룸버그(Michael Rubens Bloomberg), 페이스북(Facebook)의 설립자 마크 저커버그(Mark Elliot Zuckerberg). 이들의 공통점은 무엇일까? 세계적인 억만장자이자 유대인이라는 점이다. 유대인 갑부의 이름을 이렇게 구체적으로 제시하지 않더라도 유대인이 금융계를 휘어잡는 1인자이자, 투자의 귀재이고, IT 업계를 주름잡고 있다는 것쯤은 많은 사람들이 알고 있을 것이다.

유대인은 전 세계 인구의 0.2퍼센트밖에 되지 않지만, 세계에서 가장 창의적이고 가장 돈을 잘 버는 민족이다. 노벨상 수상자는 우리와 비교할 수도 없을 만큼 많고, 세계 최고 기업의 경영자 40퍼센트 이상이 유대인이다. 그들은 세계의 금융계, 정치계, 법조계, 경제계, 언론계, 예술계, 학계를 꽉 움켜쥐고 있으며, 그 아이들은 다음 세대에서 세계의 부(富)를 움켜쥘 준비를 단단히 하고 있다.

그들은 어떻게 이런 성과를 올리는 민족이 되었을까? 정말 유대인들에게는 다른 민족에서 볼 수 없는 그들만의 교육법이 있는 걸까? 그렇다. 우리는 그것을 '하브루타(Havruta) 교육법'이라고 부른다. 유대인은 '하브루타'라는 이름으로 부모나 형제자매와 거리낌 없이 토론하고, 여러 명의 친구와 팀을 이루어 논쟁을 벌인다. 나이나 사회적 위치는 아무 상관이 없다. 그들은 동등한 관계에서 정치, 사회, 문화, 역사 등 다양한 분야를 주제로 대화하고 토론하고 논쟁하면서 독립적이고 창의적인 사고의 확장을 경험한다.

하브루타식 교육 방식에서 유난히 독특한 점은 어렸을 때부터 돈에 대해 가르치는 경제 교육을 강조한다는 점이다. 그들은 갓난아이를 안고도 돈에 대한 노래를 불러주고, 열세 살이면 성인으로 인정해서 독립적으로 생활할 수 있도록 교육한다. 경제 흐름을 정확히 이해시키고, 경제 개념과 올바른 소비 습관을 교육함으로써 아이의 경제독립 능력을 다져주는 것이다. 그리고 스무 살이 되면 어떤 경우에라도 독립을 해야 한다. 이 과정에서 아이들은 부모나 선생님에게 의지하지 않고 스스로 생각하고 발견하고 상상하는 능력을 키운다. 그런 독창적이고 독립적인 태도가 새로운 도전을 두려워하지 않고 새로운 아이템과 아이디어를 쏟아내는 자신감 넘치는 마인드를 만드는 것이다.

누구나 내 아이가 부자로 살기를 바란다. 돈 때문에 고통받거나 돈에 허덕이지 않고 돈이 주는 자유와 행복을 맛보며 여유롭게 살기를 바란다. 더불어 사는 기쁨을 알고, 돈으로 사람을 평가하지 않으며, 나누는 기쁨을 아는 진짜 부자로 성장하기를 바란다. 그렇다면 어렸을 때부터 돈 이야기를 서슴지 말고 해야 한다. "어린애가 무슨 돈 타령이야. 넌 공부나 해"가 아니라 돈의 가치를 정확히 알려주고, 건강한 소비 습관을 길러주고, 돈을 모으고 때로는 그 돈을 가치 있게 쓰는 방법을 가르쳐야 한다. 경제 교육은 빠르면 빠를수록 좋다.

'경제 교육'이라고 해서 크게 어려울 건 없다. 이 책이 복잡한 주식이나 환율 시스템을 알려주는 건 아니다. 돈에 대한 올바른 태도를 부모가 먼저 이해하면 어렵지 않게 경제 교육을 할 수 있다. '하브루타'라고 해서 고난도의 토론 기술이라고 생각할 필요도 없다.

올바른 질문을 정확한 방향에서 던지는 일이 하브루타일 뿐이다.

나 역시 세 아이를 키우면서 고민도, 의심도 많이 했다. 내가 과연 아이를 잘 가르치고 있는 걸까? 내 아이를 훌륭하게 교육하고 있는 걸까? 아이들과 어떤 대화를 해야 할까? 그럴 때마다 나는 하브루타 교육에 의지했고, 이 방법을 믿었다. 그리고 더는 아이 교육에 신경 쓰지 않아도 되는 지금, 그 모든 방법과 노하우를 많은 사람들과 나누고 싶다.

실패와 도전을 두려워하지 않는 아이, 진짜 부자가 되어 나누는 기쁨을 누리며 살아가는 건강한 아이, 경제독립은 물론이고 정신적으로도 독립하여 자기만의 생활을 꾸리고 그 안에서 행복을 느낄 줄 아는 아이. 모든 부모가 꿈꾸는 아이의 미래일 것이다. 오직 당신의 손에 달려 있다.

김금선

• 2장 • 부모의 생각부터 바꿔라

★ ★ ★ ★ ★ ★

HAVRUTA

1장

경제 교육의 첫걸음, 무엇부터 시작할까?

유대인은 아이가 태어나면 경제 교육을 시작한다. 아기를 재울 때 엄마가 흥얼거리는 말도 경제적인 내용이며, 때로는 아직 잘 걷지도 못하는 아이에게 저금을 시키기도 한다. 정점은 열세 살부터다. 우리나라라면 아직 '어린이'에 불과하지만, 유대인은 성대한 성인식을 열어주면서 성인으로 대접한다. 열세 살이면 이미 기본적인 경제 교육이 끝난다는 뜻이다. 반면 우리나라 열세 살은 어떤가. 아직 경제 교육을 시작하지도 않은 나이다. 오히려 "어린애가 무슨 돈 타령이야. 공부나 열심히 해"라며 타박을 한다. 그나마 한다는 경제활동이 저금통에 저축하는 정도지만, 이 역시 '경제 교육'의 관점에서 행해지지는 않는다. 오늘날 유대인은 전 세계에서 가장 부자 민족이며, 극소수의 인구이지만 전 세계 많은 산업을 좌지우지하고 있다. 무엇이 유대인을 이렇게 경제 개념과 활동에 능통한 민족으로 만들었을까? 우리나라에서도 아이의 경제 교육에 관심을 가진 부모들이 많아지고 있지만, 막상 아이에게 어떻게 경제 교육을 시켜야 하는지 모르는 부모들이 대부분이다. 이제 그 경제 교육의 첫걸음 함께 떼어보자. 시작은 미약할지 몰라도, 아이의 행복한 미래를 위한 위대한 출발이 될 수 있을 것이다.

경제 교육에 아이의 미래가 있다

유대인은 세상 그 어떤 민족보다 혹독하고 힘들게 살아온 민족이다. 영토도 없이 무려 2000년 동안이나 떠돌아 살았으니 한마디로 '한 맺힌 민족'이라고 할 수 있다. 이렇게 힘든 생활을 하며 살았으니, 돈이 얼마나 중요한 것인지 뼛속 깊이 깨달을 수밖에 없었다. 살아남기 위해 돈 버는 일에 전념할 수밖에 없었고, 그러다 보니 돈을 생명처럼 여겼다. 유대인이 돈 버는 일에 재능을 가진 이유는 이렇듯 유대인의 오랜 역사에서 비롯되었다. 흔히 유대인을 두고 '지독한 민족'이라고 말하는 것도 돈에 대한 철저함 때문이다.

생후 6개월 아기에게 '체다카 통'의 의미

유대 속담 중에 이런 말이 있다. "돈은 모든 것을 움직인다."

수긍이 가지 않는 말은 아니지만, "황금 보기를 돌 같이 하라"라는 격언을 들으면서 자란 우리에게는 다소 거북하게 들리기도 한다. 이렇게 돈을 신봉하는 유대인이라면 아이에게 경제 교육을 시킬 때에도 '지독하게 돈을 모으는 방법'이나 '어떻게 해서든 돈을 잘 버는 방법'에 초점을 맞추지 않을까 싶다. 하지만 놀랍게도 유대인의 경제 교육은 우리의 예상을 정확하게 빗나간다. 유대인은 자신을 위해 돈을 버는 방법보다 남을 위해 돈을 쓰는 '자선'과 '기부'부터 가르치고, 돈을 벌 때도 철저하게 '정직'을 바탕에 두어야 한다고 가르친다.

유대인으로 태어난 아이가 처음으로 경제 교육을 받는 시기는 생후 6개월부터인데, 부모는 아기의 손가락을 펴서 동전을 쥐여 주고 그것을 체다카(Tzedakah)에 넣는 훈련을 시킨다. 체다카는 기부를 하기 위해 돈을 모으는 저금통을 가리킨다. 이렇게 유대인은 아기가 제대로 된 언어를 구사하기도 전에 남을 위해 돈을 모으는 법부터 가르친다. 유대인이 지켜야 할 율법은 모두 613개이다. 생활 규칙이나 도덕, 종교에 이르기까지 세세하게 지켜야 할 모든 규칙이 포함되어 있다. 그런데 이 율법에 앞서는 율법이 하나 있다. 바로 '기부'에 관한 것이다. 그들은 "613개의 율법을 지키는 것보다 한 번 기부하는 것이 낫다"고 말한다. 유대인이 타인을 돕고, 자신이 번 소중한 돈을 다른 사람을 위해 쓰는 일을 얼마나 소중하게 생각하고 교육하는지 보여준다.

기부와 더불어 유대인의 경제 교육에서 또 하나 중요한 것은 '정직'이다. 《탈무드》에 이런 이야기가 있다. 사람이 죽으면 하늘의 문에서 질문을 받는다고 한다. 그 첫 번째 질문이 무엇일까? 유대인은 하나님을 믿는 민족이니 "평생 하나님을 얼마나 열심히 믿었는가?" "얼마나 기도를 많이 했는가?" 같은 종교 관련 질문을 받을 것이라고 예상하는 사람이 많을 것이다. 하지만 그렇지 않다. 하늘의 문에서 받는 첫 번째 질문은 "너는 거래를 할 때 얼마나 정직했는가?"라고 한다. 이쯤 되면 유대인에게 경제활동은 종교적인 신념 같은 것이라는 생각이 든다.

유대인은 왜 이렇게 자선을 강조하고 정직을 추구하는 것일까?

'기부'와 '정직'이라는 두 가지 균형추

유대인은 돈이 가지고 있는 강력한 힘을 누구보다 잘 알고 있다. 유대인은 '돈은 곧 생명'이라는 사실을 마음에 새겨놓고 있다. 이렇게 돈에 큰 의미를 부여하다 보니, 자칫하면 돈에 대해 잘못된 생각을 가질 수 있다. 돈은 소중한 만큼 위험한 것이어서 처음부터 돈에 대한 개념을 잘못 잡으면 큰 문제가 발생할 수도 있다. 돈의 노예가 되거나 돈 때문에 범죄의 위험에 빠져들 수도 있다. 소중하고 막강한 힘을 가진 것일수록 그것을 잘 다루는 방법을 알아야 한다. 이런 이유로 유대인은 돈 버는 기술만큼이나 '기부'의 중요성을 아이들에게 교육하는 것이다. '정직'도 마찬가지다. 돈 앞에서 정직하지 않으면 남을 이용하거나 속이는 수법으로 돈을 벌 수도 있다.

돈이 얼마나 중요한지는 아이들도 잘 알고 있다. 부모가 굳이 강조하지 않아도 아이들이 체험적으로 느낀다. 하지만 돈의 중요성만 안다면 남을 위해 돈을 쓰지 않는 인색한 사람이 될 수 있고, 돈만 추구하는 탐욕스러운 사람이 될 수도 있다. 유대인의 경제 교육이 '기부'와 '정직'에서 시작하는 이유는 이처럼 돈으로 인해 발생하는 문제를 예방하기 위해서다. '기부'와 '정직'이 '지혜로운 균형추'의 역할을 하는 것이다. '기부'와 '정직'이 바탕이 된 경제 교육이 선행되지 않으면 나중에 성인이 되어 아무리 많은 돈을 벌어도 순식간에 잃거나 부도덕한 행위에 연루될 수 있다. 타인과 '행복한 동행'을 하는 것도 불가능하다.

아이를 위한 경제 교육은 돈 잘 버는 아이로 키우는 것이 아니다. 아이가 돈과 함께 행복해질 수 있는 방법을 가르치기 위함이다. 그 교육의 출발점에서 '기부와 정직'의 개념을 알려준다면 경제 교육의 첫발을 아주 잘 뗀 것이다.

○ 실제로 내 아들에게도 기부에 관한 교육을 했다. 초등학교 4학년 때부터 대학 입학 때까지 용돈을 모아 자선단체를 통해 동갑내기 인도 친구에게 매달 3만 원을 보냈다. 기부는 아이의 인성에도 큰 도움이 된다. 어려서부터 실천한 자선활동은 아이에게 긍정의 에너지를 불어넣고, 더불어 사는 즐거움의 가치도 가르친다. 긍정적인 자존감 형성에도 좋다.

○ 돈의 액수는 전혀 중요하지 않다. 단돈 5,000원이라도 용돈을 모으고, 그 돈을 기쁜 마음으로 기부하고, 그에 대해 대화를 나누는 것이 경제 교육의 출발점이다.

'경제 교사'가 되기 위한 부모의 자격

교사가 되려면 '교사 자격'이 있어야 하듯이 경제 교사가 되기 위해서는 부모에게도 자격이 필요하다. 하지만 겁먹지 않아도 된다. 다행히 경제 교사가 되기 위한 부모의 자격은 그렇게 어렵거나 힘들지 않다. 경제이론을 알 필요도 없고 통계학에 익숙해질 필요도 없다. 몇 가지 올바른 태도만 갖추면 충분하다.

돈에 관해 거리낌 없이 이야기하자

전문가들은 돈에 관한 부모의 태도가 아이 경제 교육의 80퍼센트를 차지한다고 말한다. 그만큼 경제 교육을 하는 데 부모의 역할이 절대적이라고 해도 틀린 말이 아니다. 부모가 풍부하고 전문적인 경제 지식이나 통찰을 갖추고 있다고 해서 아이가 무조건 올바른 경제 개념을 갖는 건 아니다. 부모가 생활 속에서 어떻게 돈을 모으는지,

어떻게 소비하는지, 어떻게 보람 있게 쓰는지 같은 일상적인 행동이 모두 경제 교육이다. 그렇다면 경제 교육을 어떻게 일상적으로 시킬 수 있을까?

우선 아이와 돈에 관해 거리낌 없이 말해야 한다. 우리는 오래전부터 아이가 돈에 대해 이야기하는 걸 꺼려하고 터부시하곤 했다. "너는 돈에 대해 신경 쓰지 말고 공부나 열심히 해"라고 말하거나 "어린애가 왜 그렇게 돈에 관심이 많아?"라며 꾸중을 하거나 대화의 문 자체를 닫아버린다. 내가 아는 한 어머니도 얼마 전에 나에게 이런 고백을 했다. 아이 두 명이 모두 중학생이 되니 학원비를 감당하기가 너무 힘들더라는 것이다. 그래서 이런저런 핑계를 대며 학원을 하나씩 줄이려고 했더니 아이가 대뜸 이렇게 말하더란다.

"엄마, 돈 없어서 그래?"

깜짝 놀란 그 어머니는 "아니, 무슨 소리야! 너희들이 공부 때문에 힘들까 봐 그렇지"라며 위기의 순간(?)을 모면했다고 한다.

물론 이렇게 말하는 부모의 심정은 충분히 이해한다. 아이가 돈 때문에 기죽거나 위축되지 않게 하기 위해서 애써 거짓말을 하는 것이다. 부모 입장에서는 아이들이 공부만 열심히 한다면 무슨 수를 써서라도 뒷바라지하고 싶은 심정이 든다. 하지만 영어 교사가 학생들에게 영어로 말을 걸지 않고, 수학 교사가 학생들 앞에서 수학 공식을 말하지 않는다는 것은 말이 안 된다. 경제 교사가 되려는 부모도 마찬가지다. 반드시 아이와 돈에 관한 이야기를 해야 한다.

부모가 돈에 관한 이야기를 감출수록 아이들의 돈에 관한 개념은 희박해진다. '아이들은 돈 이야기는 하는 게 아니야'라는 생각을 내면화한다. 한편으로는 부모에게 의지하려는 마음이 생긴다. 어렸을 때부터 "넌 돈에 대해서는 걱정하지 마"라는 말을 듣고 자랐으니 '나는 돈 걱정은 하지 않아도 돼'라고 여기는 것이다. 정작 부모는 경제적 고통 속에서 아이를 부양해야 하는 심각한 상황에 처해 있는데 말이다.

어려서부터 제대로 된 경제 교육을 받지 못하면 돈에 대한 개념이 형성되지 않고, 그러다 보면 돈을 지키고 불리는 데도 어려움을 겪는다. 아무리 많은 재산을 물려받았더라도 그렇다. 자신이 가진 재산의 규모를 잘 파악하고, 그 안에서 돈을 효율적으로 쓰고 관리해서 돈을 더 불리려는 계획은 아예 생각하지도 못한다. 있으면 쓰고 없어도 쓰고, 때로는 없으면 안 쓰면서 자신이 가진 돈에 자신의 삶을 끼워 맞추는 삶을 살아가게 된다. 우리는 흔히 '돈을 밝힌다'라는 말을 비난조로 쓰곤 한다. 하지만 돈은 밝혀야 한다. 어렸을 때부터 돈을 밝히고 집안의 경제 사정에 대해서도 잘 아는 아이로 교육해야 자기의 돈을 잘 지키고 유지하고 키우는 사람으로 성장한다.

돈에 대한 인내심을 가르치자

놀랍게도 유대인은 아이가 아주 어렸을 때부터 돈에 관해 이야기한다. 아기를 재우거나 달랠 때 이렇게 흥얼거린다.

"싸게 사서 비싸게 팔아(Buy low, Sell high), 싸게 사서 비싸게 팔아, 싸게 사서 비싸게 팔아."

말도 제대로 알아듣지 못하는 아이에게 이런 말을 흥얼거리다니, 우리의 정서와는 달라도 너무 다르다. 그러나 우리가 주목해야 할 점은 돈을 둘러싼 부모와 아이의 태도이다. 유대인 부모는 어려서부터 돈에 관해 이야기하고 속담을 통해 돈에 대한 지혜를 전한다. 돈에 익숙해지게 하려는 것이다. 하지만 우리는 어떤가. 돈에 친숙해지고 가까워지는 교육은커녕 돈에서 멀어지는 교육을 하고 있다.

부모가 경제 교사가 되기 위해서는 소비의 방식을 바꿔야 한다. 부모가 망설임 없이 카드를 긁고, 필요 없는 물건을 사는 건 가장 안 좋은 경제 교육이다. 이런 모습을 보고 자란 아이는 돈을 쓸 때는 고민하지 않아도 되고, 원하는 것이 있다면 즉시 사도 된다고 생각한다. '부모는 아이의 거울'이라는 말이 괜히 있는 게 아니다.

물건을 살 때는 아무리 작고 사소한 것이라도 이 물건이 정말 필요한지 곰곰이 생각해야 한다. 꼭 지금 사야 하는지 고민해봐야 한다. 아무리 경제적으로 여유가 있더라도 좋은 물건을 조금이나마 저렴하게 살 수 있는 방법을 찾아보아야 한다. 가정 경제를 위해서 꼭 필요한 태도이기도 하지만, 아이의 경제 교육에도 가장 효과적인 방법이다.

유대인 부모는 아이가 필요한 물건이 있다고 말해도 그 즉시 사주지 않는다. 시간을 주고 그 물건이 '정말 필요한지' 여러 번 생각하게 한다. 아이는 자신의 욕구가 바로 충족되지 않으니 짜증을 낼 수도 있다. 하지만 그런 방식이 반복되면 '돈에 대한 인내심'을 배운다. 돈에 대한 인내심은 경제 교육에서 매우 중요하다. 저축이나 투자 모두 돈이 있어도 쓰지 않는 인내심이 바탕이 되기 때문이다.

용돈을 아이 스스로 관리하고 잘 소비하게 도와주는 것도 훌륭한 경제 교육이다. 아이들은 돈을 벌 수 없기 때문에 부모가 주는 용돈이 돈을 활용할 수 있는 유일한 방법이다. 용돈 기입장을 쓰게 하는 것도 좋지만 영수증을 모으는 것만으로도 충분하다. 영수증을 받아 정리하면서 자신의 씀씀이를 되돌아보고 소비의 규모를 파악할 수 있다. 그런 식으로 용돈을 아이 스스로 관리할 줄 알게 되면 돈을 짜임새 있게 써서 용돈을 남기도록 유도하여 기부할 수 있는 기쁨을 가르치면 좋다. 기부하는 가풍을 만들면 충동적인 소비도 줄어들고 돈을 더 가치 있게 쓰는 방법을 배울 수 있다.

○ 아이들이 돈과 관련해서 부모에게 가장 많이 하는 질문은 "엄마, 돈 있어?" "아빠, 돈 없어?" 같은 유무(有無)의 개념과 "엄마, 돈 많아?" "아빠는 돈이 왜 이렇게 적어." 같은 양(量)의 개념이다. 아이들은 부모의 경제 사정을 잘 모르기 때문에 돈에 대한 개념이 생기면 이런 질문을 많이 한다.

○ 이런 질문을 받았을 때 "아니, 돈 없어." "엄마 돈 많아." 같은 답변 말고 조금 더 구체적으로 대답해보자. "꼭 필요한 물건인데 돈이 부족하니 돈을 모아서 사야겠네." "이 물건이 꼭 필요해서 엄마가 그동안 차근차근 돈을 저축했지." "돈이 아무리 많아도 쓸데없이 물건을 사는 건 낭비야." "돈은 있지만 그렇다고 함부로 사용해선 안 돼" 라고 대답하는 것이다. 이렇게 답하면 아이는 돈을 '모은다'는 개념과 '낭비'라는 개념을 배우면서 올바른 소비의 기초를 닦을 수 있다.

'경제독립'에 대한 엄격한 문화와 제도

모든 교육의 궁극적인 목표는 '실천'이다. 경제 교육의 최종적인 목표는 아이들이 경제적으로 독립해서 돈을 제대로 관리하며 자신의 생활을 잘 꾸려나가는 일이다. 하지만 우리나라의 현실은 이와는 다르다. 취업해서 돈을 벌어도 부모로부터 독립하지 못하는 경우가 상당히 많다. 서른 살이 넘어서도 부모와 함께 사는 경우도 있다. 유대인은 열세 살에 이미 아이를 성인으로 대접하고, 20대가 되면 부모를 떠나 경제적으로 독립하는 것을 너무나 당연하게 생각한다. 유대인은 아이의 '경제독립'에 관해 엄격한 문화를 가지고 있다.

열세 살에 이미 시작되는 경제독립

우리나라에는 딱히 '성인식'이 없다. 그저 친구들끼리 모여서 성인이 된 날을 기념하는 정도다. 하지만 유대인의 성인식은 매우 성대하다. 게다가 성인식을 여는 나이도 열세 살이다. '바 미츠바(Bar Mitzvah)'라고 불리는 이 성인식은 결혼식과 함께 유대인의 인생에서 제일 중요한 의식이다. 유대인 아이들은 1년 전부터 성인식을 준비한다. 성경을 암송하고 기도법을 배우고 자신의 정체성을 올바로 세우기 위해 노력한다. 그리고 성인식이 열리면 친구, 친척, 지인 등 많은 사람이 모여 아이에서 '책임 있는 어른'으로 성장한 주인공에게 축하를 건넨다. 이때 참석자들은 모두 축의금을 낸다. 부모의 사회적인 지위에 따라 액수는 다르지만, 상당한 돈이 모인다. 중요한 것은 이 돈을 부모가 쓰지 않고 아이가 스무 살이 될 때까지 각종 주식, 채권, 예금으로 분산 투자를 해서 돈을 불려준다는 점이다. 그렇게 키운 돈은 아이가 원할 때 언제든지 돌려주어야 한다.

스무 살이 되면 경제적으로 독립하는 것은 유대인만의 문화가 아니다. 대다수 서구 선진국에서는 그 나이가 되어서도 독립을 하지 않으면 이상한 시선으로 바라본다. 부모의 집에서 나와 혼자 살아야 하고, 스스로 돈을 벌면서 자기 생활을 꾸려야 한다. 물론 우리나라의 상황이 경제적 독립을 어렵게 하는 것도 사실이다. 집값이 너무 비싸 사회 초년생인 청년들이 집을 구하기 힘들 뿐만 아니라 일자리도 부족하다. 하지만 문제는 경제독립을 하지 않아도 별 문제가 없다고 생각하는 사회 분위기다. 세상 어디에도 스무 살 청년이 여유롭게 독립생활을 할 수 있는 나라는 없다. 힘들고 불편하지만 그래도 부모를 떠나 자신 인생을 스스로 책임지겠다는 마음으로 독립을 결행하는 것이다.

유대인의 성인식은 아이가 경제독립을 준비하고 계획하게 하는 시작점이다. 용돈이 아닌 축의금을 투자함으로써 투자의 중요성을 가르치고, 용돈보다 더 큰 돈을 만질 수 있게 하려는 목적도 있다. 아이는 성인식 이후 경제적으로 독립할 때까지 7년의 기간 동안 '나의 돈이지만 쓸 수 없는 돈'이 있다는 사실을 알게 되고, 투자를 통해서 그 돈이 점점 불어난다는 사실을 체감한다. 그리고 그 돈이 내 돈이 될 때까지 인내심을 가져야 한다는 것도 깨닫는다.

누가 캥거루족을 키웠을까

유대인이 벤처 창업을 많이 하는 이유도 성인식 문화와 관련이 있다. 이스라엘 정부가 창업을 적극 권장하기도 하고, 학창시절부터 도전정신을 기르는 교육을 받는다고는 하지만 '시드머니(seed money)'가 없으면 창업에 쉽게 도전하지 못한다. 유대인 청년들은 성인식 이후 7년간 불어난 자기 몫의 돈을 사업 자금으로 활용한다.

아이가 새로운 집에서 자신만의 삶의 터전을 꾸려나가는 것을 '아이가 내 품을 떠나는 것'이라고 생각해서 아쉬워하는 부모도 있다. 하지만 그것은 성인이자 사회인으로 너무나 당연한 과정이며,

아이의 인생을 위해서도 반드시 그렇게 해야 한다. 어엿한 성인이 되어 독립하게 되었음을 축하하고, 그렇게 되기까지 아이를 잘 키운 자신을 칭찬해야 한다.

'캥거루족'의 증가는 부모 세대가 용인한 결과인지도 모른다. 고생하면서 자란 자신의 과거를 돌아보면서 내 아이에게만은 그런 가난의 고통을 대물림하지 않겠다는 마음으로 아이를 너무 관대하게 키우기 때문이다. 자식에 대한 사랑은 좋지만, 돈으로부터의 과잉보호가 독립적인 아이가 되는 데 걸림돌이 되는 건 아닌지 되돌아봐야 한다.

부모부터 생각을 바꿔야 한다. 아이가 행복하길 바라는 마음만큼이나 그 행복이 독립적이고 주체적일 수 있도록 교육해야 한다. 그것이 아이에게 주는 가장 귀한 선물이다.

○ 아이의 이름이 찍힌 통장을 만들고, 그 안에 '내 돈'이 있다는 사실을 아이에게 알려주자. 50만 원도 상관없고 100만 원이어도 좋다. 아이에게 통장을 보여주고 "5년 뒤나 10년 뒤에는 이 돈으로 너의 미래를 위해 무엇이든 할 수 있어"라고 말해보자. 경제 교육의 훌륭한 첫걸음이 될 것이다.

○ 아이가 명절에 받는 돈을 "엄마가 맡아줄 테니 이리 줘"라고 말하고는 그런 돈이 있다는 사실을 잊어버리면 안 된다. 그러면 아이는 '내 돈은 엄마 돈'이라고 생각한다. 이런 일이 반복되면 부모와 아이의 경제적인 분리가 힘들어진다. 아무리 적은 액수라도 아이에게 지금까지 모은 돈의 액수를 정확히 보여주고 어떻게 보관하고 있는지 정기적으로 알려주는 것이 좋다. 아이에게 경제관념이 생기면 돈을 어떻게 투자할지 함께 의논하는 것도 좋은 방법이다.

노동으로 돈을 번다는 개념

퐁뎅이는 평생 하나의 웅덩이 안에서만 산다. 그러니 다른 웅덩이에 대해 알지 못하고, 알고 싶어 하지도 않는다. 꽃은 보기 좋은 아름다운 식물이자 누군가에게 건넬 수 있는 선물이 되기도 한다. 하지만 개미에게는 꽃이라는 인식 자체가 없다. 고개를 들어 꽃을 볼 수 없기 때문이다. 그러니 개미에게 꽃은 그저 자신을 가로막는 장애물일 뿐이다. 같은 지구에 살아도 어떤 환경과 경험 속에 있는지에 따라 세상을 바라보는 눈이 달라진다. 지금 우리 아이들의 올바른 경제 교육을 가로막는 장애물 중 하나는 노동과 돈에 대한 경험을 가로막는 부모일지도 모른다.

새뮤얼의 아버지가 했던 일

미국 석유회사가 셸(Shell)은 조가비 모양의 회사 로고로 유명하다.

글로벌 기업으로 지금도 그 명성이 대단하다. 이 정도 기업이니 재벌 가문에서 막대한 돈을 투자해 일군 회사라고 생각하는 사람도 있을 것이다. 하지만 이 회사는 애초 가리비를 수입하는 작은 회사였다. 게다가 이 회사의 역사에는 '학교생활에 적응하지 못했던 한 아이의 어린 시절'이라는 의외의 이야기가 담겨 있다.

1953년, 영국에서 잡화를 파는 행상인이었던 한 유대인 남자가 열한 번째 아들을 품에 안았다. 아기의 이름은 마커스 새뮤얼(Marcus Samuel). 아이는 활달하고 총명했다. 하지만 학교에 도통 적응하지 못했다. 그런 아들을 지켜보던 부모는 어느 날, 고등학생이 된 새뮤얼에게 일본으로 가는 배표를 건넨다.

"새로운 세계로 가서 가난하게 살고 있는 아빠 엄마와 열 명의 형제를 위해 네가 무엇을 할 수 있을지 생각해보거라. 그리고 매주 금요일 안식일 전에는 꼭 엄마에게 편지를 써야 한다."

일본에 도착한 새뮤얼은 무슨 일을 해야 할지 도통 알 수 없었다. 하릴없이 몇 날 며칠 동안 바닷가를 거닐기만 할 뿐이었다. 그러던 어느 날, 그날도 바닷가를 거닐고 있던 새뮤얼의 눈에 일본 상인들이 조갯살을 캐고 남은 조개껍데기며 가리비 껍질을 해변가에 버리는 모습이 들어왔다. 다가가서 보니 반짝이는 껍데기가 자신이 살던 런던에서는 좀처럼 찾아보기 힘든 물건이었다. 새뮤얼은 껍데기를 가공할 수 있는 사람을 어렵게 찾아 여러 물건으로 가공한 뒤 런던에 있는 아버지에게 보냈다. 동양의 아름다움이 담긴 조개껍데기 가공품을 본 영국인들은 지갑을 열기 시작했다. 새뮤얼은 더 많은 조개껍데기 가공품을 아버지에게 보냈고, 그렇게 해서 모은 돈으로 아버지는 작은 가게를 열었다. 조개껍데기 가공품은 점점 더 많이 팔렸고, 결국 새뮤얼은 무역업을 기반으로 석유회사를 만들면서 세계적인 부호의 자리에 올라섰다.

이 기적 같은 일이 어떻게 가능했을까? 새뮤얼의 뛰어난 아이디어와 희귀한 가공품 덕이었을까? 아니면 가난한 집안의 한 아이가 자처한 고행길 덕분이었을까? 물론 여러 이유가 있겠지만, 성공의 본질은 새뮤얼의 부모가 아이에게 새로운 경험의 세계를 열어주었다는 점이다. 아이를 학교라는 틀 안에만 가두지 않고 생각과 관습을 완전히 뒤바꾼 도박 같은 일본행을 권함으로써 새무얼의 인생을 완전히 바꾸어놓은 것이다.

세상에서 가장 훌륭한 교육은 아이가 직접 경험하게 하는 것이다. 새뮤얼의 부모는 아이에게 새로운 경험을 선물했고, 아이는 그것을 두려움 없이 받아들이면서 값진 성공을 일군 것이다.

부모가 아이를 강도로 키운다?

유대인의 경제 교육은 단순히 집 안에서만, 또는 토론으로만 이루어지지 않는다. 생생한 삶의 현장에서 노동을 경험하게 한 뒤 돈의 의미를 가르친다. 유대인은 아이가 다섯 살 무렵부터 아이 혼자서 할 수 있는 일을 시킨다. 옷을 제대로 벗어 개어놓는다든가 간단한 신발 정리 등 아이가 집에서 할 수 있는 일을 시킨다. 그러다 열 살이 되면 조금 더 강도 높은 노동을 시키고 수고비를 준다. 가령, 물건을 사오거나 설거지를 시키는 것이다. 이러한 경험은 '노동을 통해서 돈을 번다'는 사실을 가르치고, 몸을 수고롭게 움직여야만 그 대가가 주어진다는 사실을 깨우치게 한다. 유대인이 이러한 과정을 얼마나 중요하게 여기는지 이런 말이 있을 정도다.

"아이에게 노동의 대가를 가르치지 않는 것은 강도를 키우는 것이나 마찬가지다."

강도라는 용어까지 쓰는 것을 보면 유대인의 경제 교육에서 노동이 얼마나 중요한지 짐작하고도 남는다.

한번은 아들의 대학 친구가 집에 놀러 온 적이 있다. 그 친구는 안 해본 아르바이트가 없다고 한다. 서빙은 물론이고 건설현장의 막노동까지 수많은 아르바이트를 해봤다고 한다. 그런 경험을 많이 해봤기에 자신은 세상이 무섭지 않고 어떤 일도 할 수 있다는 자신감이 있다고 했다. 세상에 빨리 뛰어든 덕에 경제 원리를 일찌감치 터득했다는 말도 덧붙였다. 부모라면 천군만마를 얻은 것 같은 믿음직스러운 기분이 들 것이다. 노동과 돈에 대한 경험이 자신감을 갖게 했을 뿐만 아니라, 그 경험을 통해 독립도 준비하고 있다니 얼마나 대견한가. 어떤 부모는 이렇게 생각할 수도 있다.

'그 부모가 많이 가난했나 보네. 그렇게 어렸을 때부터 아이를 고생시키다니….'

'너무 일찍 세상의 안 좋은 면을 경험하면 교육적으로 더 나쁘지 않을까?'

부모로서 할 수 있는 걱정이다. 하지만 부모가 한평생 아이의 곁에서 고생을 막아줄 수도, 경제적으로 지원해줄 수도 없다. 어차피 어느 시기가 되면 독립해야 하고, 고생을 해야 하고, 세상의 안 좋은 면도 겪어야 한다. 그럴 수밖에 없다면 어려서부터 스스로 일해서 돈을 벌고, 더 나아가 세상에 자신감을 갖게 해야 한다. 세계적인 석유회사 셸은, 부모가 아이에게 새로운 세상을 보여주고, 그 안에서 기꺼이 노동의 가치를 경험한 아이의 적극성으로 탄생했다.

과연 공부만 잘하면 아이의 인생은 행복할까? 좋은 대학이 행복의 충분조건일까? 행복한 삶은 좋은 대학으로만 완성되지 않는다. 대학은 여러 가지 선택 사항 중 하나일 뿐이다.

이제 아이가 '진짜 공부'를 할 수 있게 해주자. 노동의 가치를 경험하고 나면 아이들은 좀 더 단단하고 알차게 자신의 미래를 준비해나갈 수 있다.

○ 용돈은 '부모에게 그냥 받는 돈'이 아니라 '내가 집에서 일을 해서 버는 돈'이라는 인식을 심어주어야 한다. 이렇게 하면 아이는 경제적인 면에서 부모와 분리되어 있다는 생각을 하고, 이런 경험은 경제독립의 원천이 된다.

○ 아이에게 집안일을 시키는 것을 아이의 시간을 뺏는 것이라고 생각해서는 안 된다. 아이도 가족의 일원으로서 가정이 원활히 유지되는 데 도움될 만한 일을 해야 한다고 인식해야 한다. 자기 방을 청소한다든가 쓰레기를 버릴 때 분리수거를 한다거나 하는 등 정기적으로 할 수 있는 일을 시켜도 좋고, 가끔 아이가 성취감을 느낄 만한 일을 시켜도 좋다. 그에 대한 정당한 대가를 지불하면 아이는 성취감과 노동에 대한 즐거움을 경험할 것이다.

경제 교육을 망치는 부모의 여섯 가지 말 습관

아이에게 부모는 최초의 선생님이자 롤모델이다. 가장 가까이에 있는 사람이자 보호자이기에 아이는 부모에게 전적으로 의존하고, 그러니 부모를 닮아갈 수밖에 없다. 부모가 하는 말은 아이의 의식과 무의식에까지 영향을 미친다. 예전에는 '밥상머리 교육'이라는 말이 있었다. 함께 밥을 먹으면서 나누는 대화가 곧 아이 교육이 된다는 뜻이다. 하지만 요즘은 아이와 같이 밥을 먹기가 쉽지 않다. 대화 시간이 부족할수록 부모의 한마디 한마디는 더욱 중요하다. 경제 교육의 관점에서 부모가 해서는 안 되는 말 습관에 관해 알아보자.

"우리는 마음이 부자야."

이 말은 작은 것에 만족하고 소박한 행복을 지향한다는 뜻을 담고 있다. 물론 자신의 환경을 타인과 비교하면서 열등감을 갖는 것보다는 인생에 훨씬 도움이 되는 말이다. 가끔 아이가 부자를 동경하거나 부러워하면 "돈이 많아서 부자인 것도 좋지만 마음이 부자인 게 더 중요해"라거나 "우리는 저런 거 못 사도 마음이 부자여서 괜찮아"라고 아이를 다독이기도 한다. 하지만 과연 마음만 부자면 이 세상을 살아갈 수 있을까? 부모의 경제력이 부족할 때 아이의 자존감을 높이기 위해 할 수 있는 말이기는 하지만, 돈에 대한 개념을 제대로 심어주기에는 아쉬운 말이다. 돈이 많아 부자인데 마음마저 부자면 더할 나위 없이 좋다. 그러니 마음이 부자임을 애써 강조하면서 조금 가난하게 살아도 된다는 뉘앙스의 말을 해서는 안 된다. "이번에는 돈이 좀 부족해서 못 사지만, 다음에 꼭 살 수 있도록 엄마가 돈을 더 모아볼게"라거나 "우리는 마음이 부자지만 실제로도 부자가 되기 위해 노력해야 해"라고 말해야 경제 교육의 관점에서 타당한 말이다.

"그래, 기분이다. 오늘 치킨 먹자."

어떤 음식이나 물건 등을 구매할 때 '기분'을 언급하면 교육적으로 좋지 않다. 물론 소비는 사람을 기분 좋게 만들지만, 그것은 결과일 뿐 '기분이 좋기 때문에' 소비하는 모습을 보이면 안 된다. 분명한 소비의 이유가 있어야 한다. '이번 주에 치킨을 먹겠다고 약속했기 때문에' '오늘은 저녁을 준비할 시간이 없기 때문에' 등의 분명한 이유를 들어야 아이들도 '이유가 있어야 소비를 한다'는 점을 명확하게 배운다. 어른들도 기분을 풀기 위해 과소비를 하곤 하는데, 이는 어렸을 때부터 '소비와 기분'이 명확하게 분리된 소비를 하지 않아서 생기는 일이다.

"엄마가 다할 테니까 너는 공부나 해."

아이들에게 돈에 관한 압박감을 주고 싶지 않은 것이 부모의 마음이다. 그러나 돈에 관한 압박감을 주지 않는 일과 아이가 돈에 대한 개념이 없는 것은 전혀 다른 문제다. "엄마가 다할 테니까 너는 공부나 해"라는 말은 아이가 돈에 대한 개념을 가질 수 없게 만든다. 아이도 학원비, 교재비, 통학비 등 자신이 쓰고 있는 돈을 부모가 부담하고 있다는 사실을 알아야 한다. 그래야 돈의 소중함도 알고 부모에게 감사하는 마음도 갖는다. 무엇보다 아이가 '나는 돈과 전혀 상관없어'라는 생각을 가지면 경제독립에 대한 의지가 희박해지고 부모에게 의존하려는 경향을 보일 수 있다.

“시험 잘 보면 휴대전화 바꿔줄게.”

아이의 성적과 선물을 흥정하는 부모가 의외로 많다. ‘공부를 잘하면 원하는 것을 가질 수 있다는 생각에 아이가 동기를 부여받기 때문이다. 물론 아이와의 흥정이나 협상이 모두 나쁘지는 않다. 이런 협상을 통해 아이가 자신의 선택권과 주도권을 느낄 수 있기 때문에 교육적인 부분도 있다. 하지만 중요한 것은 아이가 ‘공부해야 하는 이유’를 혼동한다는 점이다. ‘휴대전화를 바꾸기 위해’ ‘옷을 사기 위해’ ‘게임을 하기 위해’ 공부를 하면 주객이 전도된다. 이렇게 되면 공부에 관한 생각도, 돈에 관한 생각도 왜곡될 수밖에 없다.

“이거 사, 이게 훨씬 좋아.”

물건을 살 때 아이가 스스로 선택하도록 내버려두지 않고 부모가 일방적으로 결정해주는 경우가 있다. 좀 더 싸고 좋은 물건을 사야 한다는 조바심이 들거나 아직 아이의 판단력이 부족하니 대신 해주고 싶은 마음에서 하는 행동이다. 그러나 그 어떤 경우라도 부모가 아이의 선택권을 제한한 채, 일방적으로 자신의 의견을 강요하는 건 좋지 않다. 아이는 물건을 비교하는 과정에서 다양한 판단을 하고 자신만의 기준을 만들어간다. 하지만 부모가 그 과정을 대신하면 아이는 자기만의 기준을 만드는 학습 시간을 빼앗긴다.

물론 부모가 보기에 너무 이해되지 않는 선택이라면 함께 대화하여 의견을 조정할 수 있다. 만약 돈이 부족해서 아이가 원하는 것을 사주지 못할 때에는 돈이 부족하다고 솔직하게 말하고 '가성비'를 따질 수 있도록 유도하는 일이 좀 더 현명하다. 이런 태도가 부모의 부족한 경제 능력을 자인하는 일이라고 생각하면 안 된다. 우리는 살면서 원하는 물건과 그것을 살 수 있는 능력 사이에서 수없이 괴리감을 느낀다. 앞으로 아이들도 겪게 될 일이다. 돈이 부족한 상황에서 가격대를 낮춰 원하는 물건을 구매하는 태도는 합리적인 소비 습관이지 창피한 일이 아님을 자각해야 하고, 아이에게도 그렇게 가르쳐야 한다.

"끝까지 못할 거면 아예 시작도 하지 마."

부모는 아이가 무언가를 꾸준히, 열심히 해서 성취해내는 모습을 보면 뿌듯하다. 하지만 그러지 못하면 실망하곤 한다. 이런 일이 반복되면 "끝까지 못할 거면 아예 시작도 하지 마"라고 다그치기도 한다. 물론 아이가 처음부터 포기하기를 원해서는 이런 말을 하지는 않을 것이다. '끝까지 열심히 하라'는 격려이자 자극이지만, '반협박성 격려'일 뿐이다.

집중력의 정도는 아이마다 다르고 성취 능력도 모두 다르다. 집중력이 낮다고 해서 열등한 아이가 아니다. 한곳에 집중하지 못하는 아이는 다방면에 고루 관심을 쏟는 '멀티플레이형'일 수도 있다. 게다가 성취 능력은 계속되는 도전과 실패의 과정에서 생겨난다. 아이가 하던 일을 중간에 자꾸 그만둔다면 혹시 아이에게 동기부여를 제대로 해주지 못했나 돌아보아야 한다. 돈을 모으는 과정도 마찬가지다. 꾸준하게 돈을 모으지 못한다고 "아예 하지 마!"라고 다그쳐서는 안 된다. 실패해도 계속해서 용기를 북돋아주는 것이 부모의 역할이자 지혜다.

○ 집에서는 '수업 시간'이 따로 없다. 매 순간 부모와 함께 있는 그 순간이 수업 시간이다. 밥 먹을 때나 함께 편의점을 갈 때 나누는 대화도 교육이다. 자신의 모든 행동, 모든 말이 아이에게는 '선생님의 행동과 말'이라는 점을 잊어서는 안 된다.

○ 요즘은 아이들도 돈에 매우 민감하다. 그래서 돈에 관한 이야기를 너무 회피하는 것은 좋지 않다. 아이가 알아야 할 돈 문제라면 솔직하게 이야기하고, 설득해야 할 일이라면 충분히 이해시키는 것이 돈에 관한 아이와의 대화에서 가장 균형 잡힌 태도이다.

★ ★ ★ ★ ★ ★
HAVRUTA

2장

부모의 생각부터 바꿔라

모든 일은 '발상'에서부터 시작된다. 생각이나 아이디어가 출발하는 그 첫 지점이 무척 중요하다. 여기에서부터 태도와 자세가 결정되기 때문이다. 하지만 우리나라의 많은 부모가 어려서부터 제대로 된 경제 교육을 받아보지 못했기 때문에 개인적인 경험이나 일상생활을 통해서만 돈과 경제에 접근한다. 그러다 보니 경제활동이나 돈에 대해 자신도 모르는 편견을 가질 때가 있다. 도전에 대한 두려움, 돈은 아껴야만 한다는 강박, 창업을 하면 집안이 망한다는 생각 등은 돈과 경제에 대한 잘못된 인식이다.

아이에게 올바른 경제 교육을 하려면 부모부터 발상을 전환해야 한다. 돈을 버는 목적에서부터 도전에 대한 인식까지, 이제껏 가지고 있던 생각을 버리고 새로운 인식으로 전환하자.

돈은 왜 벌어야 할까

경제 교육을 할 때 아이들에게 반드시 가르쳐야 할 개념은 돈을 버는 '목적'과 '목표'의 구분이다. 이 구분을 정확히 하지 않으면 위험한 경제관을 가질 수 있다. 그리고 당장은 아니겠지만 성인이 되어서 매우 잘못된 선택을 할 수도 있다. 아이에게 "너는 왜 돈이 많았으면 좋겠어?"라고 물었을 때, "마음대로 쓸 수 있으니까." "많으면 많을수록 좋은 거 아니야?"라고 대답한다면 아이는 아직 목표와 목적에 대해 정확하게 알지 못하는 것이다.

비 사이를 헤치며 찐빵 가게로!

'목표'는 궁극적인 목적을 이루어내기 위해서 하나씩 성취해내야 하는 과정이다. 반면 '목적'은 하나씩 목표를 딛고 나아가 궁극적으로 자신이 하고 싶은 것이다. '나는 가치 있게 살고 싶어!'가 목적이라면, 그 목적을 위해 '남을 도와주는 일'이 목표이다. 시험 성적을 잘 받는 것은 목표에 불과하다. 시험 성적을 잘 받아서 원하는 대학에서 원하는 공부를 하여 훌륭한 성인으로 자라는 것이 최종적인 목적이다.

유대인은 돈을 버는 궁극적인 목적을 '자유'라고 본다. 돈을 잘 버는 행위 자체는 목표일 뿐, 그것을 통해 '자유'라는 목적을 성취하고자 한다. 《탈무드》에서 조슈아라는 랍비는 이렇게 말한다.

"세상에는 죽은 사람으로 간주되는 네 종류의 사람이 있다. 가난한 사람, 나병 환자, 눈먼 사람, 그리고 자식이 없는 사람이다."

물론 요즘에는 자식이 없거나 시각장애가 있거나 병에 걸렸다고 해서 '죽은 사람'이라고 볼 수는 없다. 그러나 '가난한 사람은 죽은 사람으로 간주된다'는 건 맞는 말이다. 자유가 박탈되기 때문이다. 먹고 싶은 것을 먹을 자유, 여행 갈 자유, 마음껏 공부할 자유, 마음 편하게 살아갈 수 있는 자유가 박탈된다. 자신이 가진 자유의 권리와 힘을 발휘할 수 없기 때문에 《탈무드》는 이를 '죽은 사람'으로 간주하는 것이다.

인간은 여러 가지 숭고한 가치를 추구하지만 그중에서 자유의 가치는 압도적이다. 현대 사회에서 중죄를 지은 사람은 감옥에 갇힌다. 감옥에 간다고 해서 굶거나 잠을 못 자는 일은 없다. 삼시세끼 꼬박꼬박 먹고 일찍 자고 일찍 일어난다. 규칙적으로 운동도 하니 건강관리까지 할 수 있다. 그럼에도 감옥에 가는 것은 '처벌'이다. 자유를 제한하기 때문이다. 이는 역설적으로 자유가 인간에게 얼마나 소중한 가치인지를 알려준다.

나는 어렸을 때 돈이 주는 자유를 경험한 적이 있다. 시골에서 태어난 나는 중학교까지 걸어서 등교했다. 초등학교는 중학교보다 훨씬 멀어서 1시간 정도 걸어야 했다. 그래서 엄마는 비가 오면 안쓰러운 마음에 버스비를 주었다. 다른 아이들도 비슷한 상황이라 다들 비를 피하기 위해 버스를 탔다. 하지만 나는 다른 선택을 했다. 더 만족스런 일에 돈을 쓰겠다는 다짐으로 억수 같이 내리는 비를 맞으면서도 콧노래를 부르며 걸어갔다. 내가 그런 수고를 감행했던 이유는 찐빵 때문이었다. 걷고 걸어 눈앞에 찐빵 가게가 보이면 나는 바람처럼 그곳으로 뛰어 들어갔다. 주머니에서 젖은 돈을 꺼내 당당하게 찐빵 가게 아주머니에게 내밀면서 함박웃음을 지어 보였다. 산더미처럼 쌓인 하얀 찐빵이 너울너울 춤을 추듯 나의 축축한 온몸을 감싸며 반기고, 얼굴과 코를 감아 돌던 달콤한 향기에 나는 정신을 잃을 만큼 황홀경을 맛보았다. 찐빵 가게 앞을 지날 때마다 폭발하는 침샘을 억누르며 학교에 간 날이 얼마나 많았던가. 쏟아져 내리는 비에 쫄딱 젖은 옷과 신발은 안중에도 없었다. 아주머니가 건네준 보드라운 찐빵을 살포시 잡고 한입 베어 물면 마음 가득 행복감이 뭉실 떠올랐다. 그러나 나는 늘 장대비를 내려달라고 기도하곤 했다. 비가 오는 날은 생일이나 다름없었다. 찐빵을 너무 좋아했던 나는 부자가 되면 원 없이 찐빵을 사 먹으리라 다짐하고 또 다짐했다.

나는 엄마가 준 돈으로 '찐빵을 먹을 수 있는 자유'를 샀다. 그때의 나는 돈을 많이 갖고 싶지도 않았다. 찐빵이 없으면 돈도 소용없었기 때문이다. 당시에는 잘 몰랐지만 지금 와서 돌이켜보면, 그때의 나는 자유를 주는 돈의 가치를 알고 있었던 것 같다.

자유 대신 돈을 달라

몇 년 전에 매우 충격적인 설문조사를 본 적이 있다. 흥사단윤리연구센터에서 조사한 '2019 청소년 정직지수'였는데, 조사 결과 고등학생의 57퍼센트가 '10억 원을 준다면 죄를 짓고 1년 정도 감옥에 가도 괜찮다'고 답했다. 절반이 넘는 수치의 아이들이 이런 대답을 했다는 사실이 놀라웠다. 이런 상황이라면 10억 원이 아닌 1억 원을 준다고 해도 아이들은 감옥에 간다고 할 것이다. 돈이 최종 목적이니 1억 원이라고 해도 분명 같은 선택을 할 것이다. 우리나라 회사원의 평균연봉은 2020년 기준 3,300만 원 전후. 그러니 1년만 감옥에 가도 거의 3년치 연봉을 버는 셈이다. 오로지 돈을 최종적인 목적으로 삼는다면 매우 효율적인 선택이 되는 것이다. 그러나 삶의 목적이 돈이 아닌 자유인 사람이라면 아무리 큰돈을 준다고 해도 감옥에 가는 선택을 하지는 않을 것이다.

이 설문조사 결과는 아이들의 경제 교육과 돈을 바라보는 관점이 얼마나 잘못되어 있는지 여실히 보여준다. 액수가 10억이냐 1억이냐의 문제가 아니다. '돈을 번다면 일상적이지 못한 일도 가능하다'는 생각 자체가 문제다.

돈이 궁극적인 목적이 되어버리면 '돈을 위해서는 무엇이든 할 수 있다'는 생각이 합리화된다. 돈이 아무리 중요하고 소중하더라도 결코 돈 그 자체가 목적이 되어서는 안 된다. 돈을 수단으로 더 가치 있는 일을 할 수 있고, 더 많은 자유를 누릴 수 있다는 사실을 인식하도록 해야 한다.

○ 가끔 휴가철에 호텔에서 숙박을 하거나 맛있는 음식을 먹을 때면 모두가 행복해진다. 아이가 돈을 통해 행복감을 느낄 때 돈의 가치에 대해 이야기해보자. "이 호텔 너무 좋다." "이 음식 너무 맛있다"라고 감탄만 하지 말고, "돈이 있으니 참 좋지? 돈은 이렇게 우리의 선택을 풍요롭고 자유롭게 해주는 거야"라고 구체적으로 언급하면, 아이는 잠깐이라도 '돈과 자유'에 관해 생각해볼 것이다.

○ "돈이 있으면 너는 어떤 자유를 얻을 수 있을까?"라는 질문을 아이에게 던져보자. 아이는 돈보다 '나의 자유'에 더 집중하면서 돈의 목적이 결국 '자유'라는 사실을 자연스럽게 깨닫는다.

돈은 무조건 아껴야 한다?

한때 시청자들에게 인기를 끌었던 재테크 관련 텔레비전 프로그램의 슬로건이었다. 잘못된 소비를 하는 사람에게 '스투피드!(Stupid!)'을 외치고 돈을 아끼는 사람에게는 아낌없이 '그레이트!(Great!)'라고 외치며 칭찬해주는 콘셉트의 방송이었다. 그때 많은 사람이 이 방송 취지에 공감했던 모양인지, 이 말은 꽤 유행하기도 했다.

돈의 가치에 대해 생각하게 하라

"돈은 안 쓰는 것이다"라는 말은 돈을 아끼고 저축하라는 뜻을 담고 있다. 아마도 우리나라 부모들이 가장 먼저 하고 싶은 경제 교육도 이렇게 아끼는 생활, 저축하는 습관일 것이다. 물론 저축은 중요하다. 그러나 경제 교육의 측면에서 저축만 강조해서는 안 된다. 시간이 흐르면서 돈의 가치는 계속해서 떨어지기 때문이다. 과거에는 버스비가 100원이었지만 지금은 1,000원이다. 물가가 오르면서 화폐의 실질적인 가치는 계속 떨어진다. '티끌 모아 태산'이라는 격언도 있지만, 경제적 관점에서 보면 '티끌 모아 태산이 될 즈음에는 가치가 폭락해 있다'라고 바꿔 말할 수 있다. 저축은 매우 중요한 경제적 행위이지만, 경제 교육의 핵심은 '돈이 돈을 버는 법'이라는 걸 명심해야 한다.

돈이 돈을 번다

지금의 기성세대는 늘 부모로부터 '돈을 아껴야 한다.' '돈을 낭비하면 안 된다'는 말을 듣고 자라왔다. 그리고 살아오면서 성실히 모은 돈이 때로 얼마나 요긴하게 쓰이는지 경험했기에 그 말에 대한 믿음이 더 강해졌을 것이다. 그래서 아이에게도 이 교훈을 가르쳐주고 싶어 한다. 하지만 돈을 아끼는 법만 가르쳐서는 안 된다. 투자하고 불리는 법도 알려주어야 한다. 투자할 줄 모르는 저축왕은 하나만 알고 둘은 모르는 우물 안 개구리가 되기 십상이다. 건강을 위해서는 영양가가 풍부한 식사도 중요하지만 반드시 운동도 해야 하는 것처럼 말이다. 영양소 섭취 없이 운동만 해서도 안 되고, 운동 없이 영양소만 섭취해서도 안 된다.

돈을 아끼고 저축하는 일은 특정한 목적을 위해 목돈이 필요할 때 쓰기 위해서다. 사업 자금이나 결혼 자금은 당연히 저축해서 모아야 한다. 하지만 그런 경우가 아니라면 돈을 끊임없이 투자해서 이자를 벌고 배당금을 챙겨야 한다. 반드시 '돈이 돈을 번다'는 사실을 기억해야 한다.

하지만 우리나라 사람들에게 '돈이 돈을 번다'는 말은 부정적인 뉘앙스로 비추어지곤 한다. '투기'를 연상시키고 '노동의 신성한 가치'를 부정하는 듯한 느낌이 들기 때문이다. 건강한 시민의식을 가진 부모라면 내 아이가 투기로 돈을 벌기를 원치 않을 것이기에 이런 개념을 아이들에게 가르치는 것을 주저한다.

그러나 안타깝게도 노동으로 벌 수 있는 돈은 한계가 있고, 노동은 돈이 돈을 버는 속도를 도저히 따라갈 수 없다. 경제학자들은 '자본주의에서는 어쩔 수 없이 불평등이 생길 수밖에 없고 그것은 심화된다.' '자본이 돈을 버는 속도가 노동이 돈을 버는 속도보다 훨씬 빠르다'라고 말한다.

그러니 자본주의 사회에서 건강하게 돈을 벌기 위해서는 돈이 돈을 버는 방식을 선택할 수밖에 없다. 그것은 신성한 노동의 가치를 부인하는 것이 아니라 '효율적으로 돈 버는 법'을 아는 지혜이다. 공부를 효율적으로 해야 하는 것과 같은 이치다. 10시간 동안 공부해서 알아야 할 것을 5시간 만에 끝내고, 20번 반복해서 외울 단어를 10번 반복해서 외워야 효과적으로 공부할 수 있다. 이런 자기만의 공부법으로 공부한다고 해서 '신성한 공부의 가치'를 부인하는 일은 아니지 않는가.

'돈이 돈을 버는 일'에는 '복리의 마법'이 포함된다. 유대인은 아이가 어렸을 때부터 '복리의 마법'에 대해 가르치면서 '돈을 벌어서 저축한 다음에는 투자를 통해 불려야 한다'라고 알려준다. 물론 지금은 저축만으로 돈을 불릴 수 있는 시대가 아니라는 건 많은 사람이 알고 있다. 아는 것에서 그칠 게 아니라 다양한 금융 상품에 적극적으로 투자해서 돈을 벌어야 한다. 주식도 짧은 시간에 많은 돈을 벌려고 하기 때문에 투기의 성격을 띠면서 돈을 잃는 것이지, 좋은 주식에 10년씩 장기 투자하면 돈을 벌 확률은 확실하게 높아진다.

어려서부터 돈을 아껴야 한다는 이야기만 들은 아이는 투자를 막연하게 두려워한다. 돈을 적극적으로 운용하고 활용하는 것에 주저하면 노동을 통한 수익만이 전부인 줄 안다. 적은 돈이라도 투자 기회를 만들어주어야 효율적으로 돈을 늘리고 유지할 수 있다.

○ 아이에게 '이자'의 개념을 인식시키려면 저축을 활용해야 한다. 돈을 저축해놓으면 아무리 적게라도 이자가 들어온다. 이자가 들어오면 아이에게 이자의 개념을 설명한다. 단 이 돈을 '공짜'라고 해서는 안 되고, 돈을 맡긴 것에 대한 대가라는 사실을 설명해주어야 한다. 아무것도 하지 않아도 돈이 돈을 벌 수 있다는 개념을 이해하기에 충분한 방법이다.

○ 시중 은행에는 연금저축 계좌, 적금 등 어린이를 위한 금융 상품이 여럿 있다. 적은 금액이라도 이런 금융 상품에 가입하면 아이들도 '돈 불어나는 재미'를 느낄 수 있다.

실패를 배운 아이가 돈도 잘 번다

우리는 실패에 대해 매우 큰 공포심을 가지고 있다. 실패는 성공의 반대편에 있는 개념이라고 여기곤 한다. 실패하면 앞서가던 무리에서 탈락한 '낙오자'라고 생각하기에 그런 것이다. 우리나라에서 창업이 권장되지 않았던 이유도 '사업 실패는 곧 인생의 실패'였기 때문이다. 과도한 학력 위주의 사회도 실패에 대한 두려움을 키웠다. 두 번만 대입시험에 실패해도 '삼수생'이라는 딱지를 붙이면서 곱지 않은 시선으로 본다. 하지만 경제 교육의 관점에서 실패는 반드시 경험해야 하는 일이다. 부모는 아이에게 "실패해도 괜찮아!"라는 말을 자주 해야 한다. 그래야 아이들이 실패에 주눅 들지 않고 계속해서 새로운 것에 도전하는 의지를 키운다.

세계의 위대한 역사는 실패의 역사

이스라엘이 세계적인 창업 국가라는 사실은 많이 알려져 있다. 이스라엘이 창업 국가로 우뚝 선 배경에는 '실패를 용인하는 문화' 때문이다. 하지만 우리는 실패에 대해 지극히 부정적이다. '체면 문화'가 한몫하기 때문이다. 무엇에 도전했다가 실패하면 체면이 구겨진다고 생각한다. 특히 아이의 성공이 부모의 성공이라고 인식하는 분위기가 실패를 두려워하게 만든 이유이기도 하다. 아이의 성공이 부모의 성공이라는 공식이 만들어지다 보니 부모 입장에서는 아이가 실패하지 않아야 하고, 그래야 집안의 명예가 서는 일이 된다. 이러한 오래된 관습이 도전을 회피하고, 도전하다가 실패할 것 같으면 본능적으로 경직되고 도망가려고 하는 태도를 만들었다. 그래서일 것이다. 실패한 아이들이 인생이 끝난 것 같은 감정에 휩싸이면서 주눅드는 이유가.

경제학을 전공한 내 딸은 세계적인 기업과 벤처 기업에서 인턴을 두루 거치고, 지금은 싱가포르의 한 IT 회사에서 일하고 있다. "큰 회사도 많은데 왜 작은 벤처 기업에서 일하니?"라고 물어보았더니 "대기업은 내 역할이 한정돼 있어서 나중에 회사를 경영하려면 벤처 기업 같은 작은 회사에서 창업 과정을 직접 봐야 해요"라고 답했다. 그런 생각을 가지고 있는 것만 해도 대견했는데, 그 후에 정말로 창업 아이디어를 내고 좋은 사람들을 만나 회사를 창업했다. 한편으로는 기특하고 자랑스러웠지만, 나는 딸아이에게 이렇게 말했다.

"엄마는 널 늘 응원하지만, 꼭 단번에 성공한다고는 생각하지 마. 빨리 망해도 상관없어."

그러자 딸아이는 "아니, 엄마! 자식 보고 성공하라고 응원을 해야지, 빨리 망해도 괜찮다니!"라며 볼멘소리를 했다. 어려서부터 나름대로 유대인 교육을 실천하며 키워낸 자식이건만, 실수와 실패를 용납하지 않는 우리나라의 문화가 무의식적으로 남아 있었던 것이다.

유대인은 어려서부터 토론하고 논쟁하는 환경에서 자란다. 토론과 논쟁에는 '정답'이 없다. 정답을 찾는 것이 아니라 얼마나 창의적인 답을 찾는지가 중요하다. 기존에는 없던 것을 찾으려니 잘못 짚는 경우가 허다하고, 맞다고 생각했지만 아닌 경우도 숱하게 만난다. 창의성의 세계에서 실패는 '일상다반사'다. 유대인 부모 역시 이를 너무나 당연하게 여기기 때문에 실패도 당연하다고 생각한다. 여기에서 실패에 대한 아주 새로운 개념이 생긴다. '실패는 새로운 경험'이라는 것이다.

어딘가 부족하고 모자라서 실패하는 게 아니다. 실패가 나를 망가뜨리지도 않는다. 실패는 그저 자신이 목표하는 것을 찾아나가는 과정에서 늘 새롭게 만나는 하나의 경험일 뿐이다. 실패를 많이 하면 할수록 경험이 풍부해지고, 경험이 많아질수록 성공에 가까워진다는 사실을 명심해야 한다. 《탈무드》는 실패에 대해 이런 격려를 덧붙인다.

"실패한 일을 후회하는 것보다 해보지도 않고 후회하는 것이 훨씬 바보스럽다."

'정답'이 없는 토론

이스라엘의 벤처 창업률이 높고 성공 확률도 높다고는 하지만, 정작 이스라엘의 창업 시스템을 경험해본 사람은 정부의 지원이 '마법의 시스템'은 아니라고 말한다. 다른 나라에 비해 나라에서 좀 더 전향적으로 창업자를 지원하고, 실패를 책임져주는 등 몇 가지 차이점은 있지만, 그렇다고 누구나 성공으로 직진하는 놀라운 비법이 존재하지는 않는다. 이스라엘의 창업 지원 시스템은 한국과 비슷하다. 공간이나 자금을 지원하거나 각종 컨설팅을 해주는 정도다. 그렇다면 대체 어떤 차이점이 있길래 이스라엘이 창업의 나라가 된 것일까? 실패를 당연하게 생각하고 실패로부터 배우려는 예비 창업자들의 자세가 그 비결이다.

'돈을 잘 버는 능력'을 키우려면 '어떻게 하면 돈을 못 버는지' 알아야 한다. 돈 못 버는 길을 지혜롭게 피해 나가면 돈을 잘 벌 수 있다. 그러니 '돈 못 버는 길' '돈을 잃는 길'을 경험해보아야 그 길을 피해 '돈을 잘 버는 길'로 들어설 수 있다.

아이가 실패했을 때 부모가 인상을 찌푸리거나 한숨을 쉬면서 답답해하면 아이는 '실패는 해서 안 되는 것이구나'라고 생각한다. 그러면서 자신의 실패를 자꾸 숨기려고 한다. 아이들이 시험 성적표를 숨기는 이유도 실패를 질책받은 경험이 많기 때문이다.

가끔 유대인의 문화와 교육, 인생의 지혜를 연구하다 보면 그 '유연성'에 깜짝깜짝 놀랄 때가 있다. 유대인들은 술에 취해 허튼소리를 지껄이거나, 고래고래 노래를 부르거나, 심지어 누군가와 주먹다툼을 벌여도 너그러운 태도를 보이곤 한다. 그런 잠깐의 일탈이 착실하고 부지런한 생활을 유지하는 데 도움이 된다면 어느 정도는 용인할 수 있다고 보기 때문이다. 독실한 신앙생활을 하는 유대인들의 성향을 고려할 때 누군가의 일탈을 너그럽게 이해할 것 같지 않지만, 실제로 그들은 그런 '유연성'을 보여준다.

우리나라 부모들도 아이를 교육할 때 어깨의 힘을 빼고 조금 유연해지면 어떨까. 지금 아이의 실패가 평생의 실패도 아니고 아이의 인생 전체를 결정하는 것도 아니다. 실패하기에 '인간'이고, 더구나 아이들은 그런 시행착오를 거쳐 '어른'으로 성장한다.

○ 아이들이 어떤 일에서 실패했다면 부모는 표정 관리부터 해야 한다. 실망하거나 화내지 말고 그 경험을 통해 무엇을 배웠는지, 무엇을 느꼈는지 물어보자. 부모의 표정, 질문, 미소와 격려도 경제 교육의 일환이다. 이런 교육을 하려면 부모가 먼저 실패에 유연해져야 한다.

○ 다만 의도적으로 노력하지 않아서 얻은 실패, 동일한 일에 대한 반복적인 실패까지 용인해서는 안 된다. 그럴 때는 실패의 원인이 무엇인지 대화를 나누면서 때로는 진지하고 엄격하게 조언하고 태도를 개선해주어야 한다.

가난의 고통을 알게 하라

자식 사랑은 국적과 민족을 가리지 않는다. 그런데 한국인의 자식 사랑에는 독특한 면이 하나 있다. 자식을 사랑하는 데 있어서 '희생'이 전제된다는 사실이다. 엄청난 희생을 치르더라도 자식에게만큼은 모든 걸 다 주어야 한다고 생각한다. 노후 준비를 못해도 아이는 학원에 보내야 하고, 가족과 떨어져 홀로 사는 '기러기 아빠'가 되어도 아이는 유학을 보내야 한다. 이 희생적인 사랑은 대를 이어 계속된다. 자식을 다 길렀어도 이제는 자식 대신 손주를 돌보면서 자식을 돕는다. 이 모두가 내 자식만큼은 힘들게 살지 않기를 바라는 마음에서 비롯되는 것이다. 그러나 경제 교육을 할 때는 내 아이가 고통을 몰랐으면 좋겠다는 마음을 버려야 한다. 인생에서 고통은 피할 수 없고, 올바른 교육이란 밝은 면만 보여주는 것이 아니라, 어두운 면도 함께 보여주는 것이기 때문이다.

내가 이 아이를 어떻게 키웠는데!

유대인 아이들은 부모의 회사에서 일을 배우는 경우가 많다. 유난히 가족 경영을 많이 하는 유대인들은 아이에게 가장 힘든 일부터 가르친다. 이와 관련해 새겨들을 만한 이야기가 있다. 한 한국인이 이스라엘의 큰 기업을 방문했다. 화장실에 들른 그는 유난히 청소를 열심히 하는 청년을 만났는데, 그 모습이 무척 인상적이어서 이 회사의 직원이냐고 물었다.

"아니요, 저는 그저 견습생입니다."

청년은 그렇게 대답한 뒤 다시 청소에 몰두했다. 한국인은 청년의 묵묵하고 성실한 모습이 너무나 기특해서 대표를 만났을 때 그 청년의 이야기를 꺼냈다.

"아까 화장실에서 한 청년을 만났는데, 자기 일에 최선을 다하는 모습이 정말 인상적이었습니다. 회사 견습생이라고 하던데요."

"아, 그 청년. 제 아들입니다."

자녀에게 화장실 청소부터 시키면서 일을 배우게 하고, 직업에 편견을 갖지 않도록 교육하는 유대인에게 한국인은 매우 큰 감명을 받았다고 한다. 우리나라에서는 좀처럼 보기 드문 일이다. 우리나라에는 '내 자식만큼은' 좋은 환경, 좋은 자리에서 일하게 하고 싶다는 부모가 차고 넘치지 않은가. 그러니 자녀가 인턴으로 일하는 회사에

전화를 해서 업무 지시까지 내리는 부모가 있는 것이다.

우리나라에서 가장 좋은 대학을 나온 청년이 모 회사에서 인턴으로 일을 시작했다. 청년에게 프린트를 시키고 제본을 하게 하는 등 잡무를 일주일쯤 시키자, 청년의 어머니가 회사에 전화를 했다.

"회사에서 프린트나 하라고 우리 아들을 그 좋은 대학에 보낸 줄 아세요? 그런 일만 계속 시키면 출근시키지 않겠습니다." 그 뒤 회사 대표는 청년의 인턴 기간 내내 회사 일은 하나도 가르치지 않고 쉬엄쉬엄 놀면서 일할 수 있게 하고는 재계약을 진행하지 않았다.

이 두 개의 이야기에서 유대인 부모와 한국인 부모의 극명한 대비점은 '아이의 고통'을 대하는 부모의 자세다. 유대인 부모는 아이가 어려서부터 어려움을 경험하게 하고, 그 경험을 통해 생각을 바로잡고, 세상을 보는 시각을 넓힐 수 있게 돕는다. 하지만 한국인 부모는 아이가 절대로 난관을 겪지 않기를 바란다.

유대인의 핵심적인 경제 교육 중 하나는 '가난과 궁핍의 경험'이다. 어려서부터 가난과 궁핍에 익숙해지게 만들고, 이를 자연스럽게 받아들여 세상에 나왔을 때 어떤 어려움이 닥치더라도 스스로 극복할 수 있는 힘을 길러준다. 가난을 보여주지 않는 것이 아니라, 가난을 정면으로 마주볼 수 있게 교육한다. 가난이 얼마나 큰 저주이며 괴로움인지 가르치는 것이다. 《탈무드》는 가난과 궁핍의 실체를 적나라하게 표현한다.

"만일 세상의 모든 아픔과 고통을 모아 저울의 한쪽 편에 올려놓고 빈곤의 고통을 저울의 다른 쪽 편에 올려놓는다면, 저울은 빈곤의 고통을 올려놓은 쪽으로 기울 것이다."

유대 속담 중에는 이런 말도 있다.

"가난한 사람은 네 계절밖에는 고생하지 않는다. 봄, 여름, 가을, 겨울."

"인간에게 필요한 것은 의식주와 돈이다."

"가난을 이겨낼 아름다움은 없다."

요즘 유행하는 표현으로 '뼈 때리는 말'이 아닐 수 없다. 유대인이 돈을 잘 버는 뛰어난 능력을 갖게 된 데에는, 이렇듯 가난에 대한 공포스러울 정도의 두려움이 존재하기 때문이다.

가장 오래 행복한 아이로 키우려면

앞에서도 언급했듯이, 유대인 부모는 아이가 무언가를 원한다고 해서 곧바로 사주지 않는다. "정말 갖고 싶은 거니?"라고 반복해서 물으며 몇 주씩 기다리게 하곤 한다. 갖고 싶은 물건이 얼마인지, 너무 비싸지는 않은지 물으면서 계속 시간을 보낸다. 아이를 약 올리려고 그러는 게 아니다. 아무리 가지고 싶어도 돈이 있어야 한다는 사실을 철저하게 인식시키기 위한 교육이다. 만약 "엄마, 나 저거 갖고 싶어"라고 했을 때 지체 없이 당장 사준다면, 아이는 돈이 물건을 소유하는 데 무슨 역할을 하는지 생각할 기회조차 잃는다.

아이에게 가난과 빈곤의 고통에 대해 말하고, 자신의 욕구가 즉시 만족될 수 없다는 사실을 가르치는 것은 어둠을 가르쳐 빛의 소중함을 알게 하려는 의도다. 늪이 무엇인지, 그곳이 얼마나 위험한지 충분히 알아야 초원으로 달려갈 마음이 생긴다. 인생을 살면서 부딪치게 될 많은 고통과 괴로움이 돈 때문에 생긴다는 사실을 어려서부터 알려주어야 하는 이유다.

하지만 우리는 어떤가. 아이에게 가난과 궁핍을 알려주기는커녕 가난의 뒷모습조차 볼 수 없도록 아이를 보호하고 지킨다. 결혼할 때 집을 사주고, 사업할 때 돈을 대주고, 빚이 많아지면 갚아주기도 한다. 아무리 큰 희생이 있더라도 자식이기에 그렇게 한다. 물론 희생을 전제한 자식 사랑이 오늘날 우리나라의 기틀이 되기도 했다. 나는 못 먹어도 내 자식만큼은 먹이고 공부시켰던 그 힘이 우리나라의 교육 수준을 끌어올렸고, 내 자식은 굶길 수 없다는 마음으로 열심히, 성실하게 일해서 한강의 기적까지 만들어냈다.

그러나 이제 우리는 다른 시대를 살고 있다. 고등학교까지 무상교육을 받을 수 있으니 부모가 헐벗고 못 먹으면서까지 학교를 보내지 않아도 된다. 심지어 학교에 다니지 않아도 검정고시를 통해서 얼마든지 홀로 공부할 수도 있다. 과거보다 훨씬 풍요로워진 시대이기에 부모의 끝없는 희생이 자녀 사랑의 전부가 될 필요도 없다.

부모는 아이와 영원히 함께 살 수 없다. 부모가 없는 이후의 시간에도 아이의 인생은 계속된다. 그러니 아이 스스로의 힘으로 세상에 맞서야 한다. 당장은 안쓰럽고 안타까워도 아이의 미래를 위해서 독립심과 자립심을 길러주어야 한다. 그것이 오래도록 행복한 아이로 키우는 방법이다.

○ 학용품이나 생필품이 아니라면 아무리 가지고 싶어도 '바로 살 수 없다'는 사실을 아이에게 알려주어야 한다. '정말 사야 하는지' '왜 필요한지' 아이에게 여러 번 묻고 결정해야 한다.

○ '나는 아이를 위해서라면 모든 걸 희생할 수 있어'라는 생각을 버려야 한다. 그러한 희생은 부모의 삶을 고통에 빠뜨린다. 행복하지 않은 부모에게서 행복한 아이가 자랄 수 있을까?

○ 힘든 노동을 하는 사람을 보며 "너도 공부 못하면 저렇게 된다"라는 말은 절대 하지 말아야 한다. 그런 말은 가난의 고통을 알려주는 것이 아니라, 노동과 직업에 대한 편견을 가르칠 뿐이다.

유대인이 창업을 권하는 진짜 이유

우리나라 부모들이 가장 두려워하는 것 중의 하나가 '창업'일 것이다. 창업에는 적지 않은 돈이 필요하기 때문에 성공하지 못하면 '빚쟁이'라는 불명예만 남는다고 생각한다. 2017년 자료에 따르면, 아이가 창업한다고 했을 때 찬성하는 부모는 26퍼센트에 불과했다. 나머지는 적극적으로 반대하거나 반대도 찬성도 아니라는 의견이었다. 즉 10명의 부모 가운데 7명 정도가 창업에 적극적이지 않았다. 창업한다고 했을 때 청년들이 부모에게서 가장 많이 듣는 말은 "인생 망칠 일 있냐?" "집안 망하게 하고 싶어?"라고 한다. 이런 이야기를 듣고 자란다면 창업은 그 자체로 '악의 블랙홀'이라는 인식이 굳어질 수밖에 없다.

그런데 유대인은 왜 그토록 청년들에게 창업을 권할까? 전 세계에서 돈을 버는 능력이 가장 뛰어난 그들이 창업에 사활을 거는 데에는 그만한 이유가 있다.

도전을 가르쳐라

유대인이 정착한 땅 이스라엘은 매우 열악한 지역이다. 삼면이 사막으로 가로막혀 있고 천연자원도 매우 부족하다. 이런 배경 때문에 우리나라와 자주 비교된다. 우리나라 또한 북쪽으로는 북한이 가로막고 있고 삼면이 바다여서 고립된 지형이다. 천연자원도 거의 없다. 하지만 이스라엘은 우리보다 더 열악하다. 면적으로 보면 우리나라의 10분의 1에 불과하고 인구도 870만 명 정도로 서울 시민 수에도 못 미친다. 그럼에도 이스라엘은 1인당 창업비율이 전 세계에서 가장 높고 8,000개 정도의 창업 기업이 운영 중이다.

이스라엘의 창업 열풍 뒤에는 부모가 있다. 부모가 아이에게 창업을 권장하기 때문이다. 유대인 부모는 유대인의 하브루타 교육이 지향하는 정점이자 창의성을 발휘할 수 있는 가장 좋은 기회가 창업이라고 생각한다.

창의성의 핵심 중 하나는 '문제 해결 능력'이다. 창업은 끊임없는 문제 해결 과정이라고 해도 틀린 말이 아니다. 창의적인 인재는 아이디어만 좋은 사람이 아니라 무엇인가에 집중적으로 빠져드는 능력을 가진 사람이다. 이런 능력을 가장 잘 발휘할 수 있는 것도 창업을 통해서다. 성공적으로 창업했다고 해도 완전한 성공이라고 부르기는 힘들다. 최소한 그 분야에서 10년 정도는 견뎌야 진짜 창업가로 인정받을 수 있다. 창업은 자신의 인생에 관한 완전한 주도권 확보라고 할 수 있다. 회사에 다니면 삶에서 자기 주도권을 갖기 어렵다. 월급에 좌지우지되고 해고당하지 않기 위해 눈치를 봐야 한다. 그러나 창업가는 스스로의 의지, 판단력으로 기업을 운영해야 한다.

창업은 '얼마를 버느냐'보다 '인생의 성장'이라는 점에서 큰 선물이다. 경험이 쌓일수록 세상을 보는 눈이 넓어지고, 성공과 실패의 과정을 반복하면서 성공하는 방법을 더욱 빠르게 체득한다. 그런 점에서 창업은 무한한 가능성으로의 진입이자 자신의 능력을 시험해볼 수 있는 장이다. 창업에 성공한다면 자녀는 더 나은 삶을 살게 될 테고, 설령 실패하더라도 한층 성장해 또 다른 일을 해나가는 데 큰 동력을 얻을 수 있다. 아이들은 학창 시절을 통해 학습 능력과 탐구 정신을 기르고 기본적인 사회생활의 토대를 닦는다. 마찬가지로 창업 과정을 거치면서 경제 원리를 터득하고, 돈의 흐름을 파악하게 된다. 창업은 자신만의 아이템으로 세상이라는 바다로 나아가는 일이다. 적극적으로 창의성을 발휘하고 두려움 없이 그것을 실행하는 용기 있는 아이로 키우고 싶다면 무엇이든 도전해보라고 격려해야 한다.

돈 버는 능력을 키우는 진짜 기회

우리나라의 창업 환경도 과거와는 많이 달라졌다. 열정과 도전 정신이 있다면 창업자금을 지원받는 일은 그다지 어렵지 않다. 그러니 문제는 창업에 성공하느냐 성공하지 않느냐의 결과가 아니라, 도전할 수 있느냐 없느냐이다.

따라서 '과정으로서의 창업'이 무척 중요하다. 거친 경쟁을 기꺼이 받아들이면서 전진하려는 자세라면 실패하더라도 그 과정에서 배운 성숙한 자세와 지혜로 또 다른 자신의 인생을 개척할 수 있다. 창업하기 전하고는 생각도 관점도 달라질 것이다. 자녀가 창업 과정을 겪어보는 것은 결과에 상관없이 인생의 큰 성과이고 성장이다. 그러니 부모의 두려움은 버리고 자녀를 지지하고 격려해야 한다.

한국 남자들은 군대에 독특한 의미를 부여한다. 국가에서 부과한 국방의 의무를 수행한 것인데, 군대를 다녀와야 '진정한 남자'가 된다고 말한다. 군대 안에서 많은 고통을 겪었더라도 그 고통으로 '철'이 들고, 책임감을 느끼고, 부모의 큰 사랑을 느끼게 된다고 생각한다.

창업도 다르지 않다. 창업의 세계에 뛰어들어 경제적인 논리를 들여다봐야 이 사회가 어떻게 돌아가는지 체감할 수 있고, 돈 버는 일이 얼마나 힘든지도 알 수 있다. 그런 경험을 해봐야 '돈 버는 능력'을 터득하고 습득한다. 결과적으로 창업이란 성공해도 실패해도 결국 '남는 장사'다. 이런 좋은 기회를 굳이 막을 필요가 있을까?

○ 아이에게 회사의 역할을 알려주자. 둘러보면 우리가 사용하는 모든 물건이 회사에서 만들어졌으며, 우리가 누리는 모든 서비스 역시 회사에서 제공한다. 이런 사실을 통해 회사가 무엇인지, 어떤 역할을 하는지부터 교육하자.

○ 아이에게 격려와 칭찬을 아끼지 말자. 무언가에 도전하는 일을 두려워하지 말고, 진정으로 하고 싶어서 도전한 일이라면 실패해도 괜찮다고 교육해야 한다. 부모의 격려가 소극적인 아이를 적극적이고 능동적인 아이로 만든다.

★ ★ ★ ★ ★ ★

HAVRUTA

3장

돈 버는 능력을 기르는 창의적 생각법

유대인은 '생각이 돈을 벌게 한다'는 인식이 강하다. 그도 그럴 것이, 자신들을 뒷받침할 만한 강한 정부도 없었고 막강한 자본력도 없었으니 생각을 통해 새로운 방법을 만들어야만 생존할 수 있었다. 이러한 전통적 인식은 창의적인 교육으로 이어졌다. 질문과 토론 위주의 '하브루타' 교육은 여러 사람의 생각을 빠르게 모으고 함께 지혜를 완성해갈 수 있는 최적의 방법이었다.

돈을 버는 능력도 결국은 창의력에서 온다. 차별화된 방법으로 아이템을 구상하고 고객을 끌어모을 수 있어야 큰돈을 벌 수 있다. 창의성은 단지 교육에서만 필요한 능력이 아니다. 부(富)를 창출하는 최고의 방법이다.

유대인의 '상술'

유대인은 예부터 돈을 벌고 불리는 재주가 뛰어났다. 유대인의 이러한 경제적 능력이 우리나라에 처음 알려지기 시작한 것은 1990년대 초반이었는데, 이때 전문가들은 그 '능력'을 '상술(商術)'이라는 관점에서 바라보았다. 그래서 유대인을 가리켜 '상술이 뛰어난 민족'이라거나 그들의 상술을 가리켜 '전 세계 어떤 민족도 따라가기 힘들 정도'라고 말하곤 했다. 하지만 이런 말에는 어쩐지 부정적인 뉘앙스가 엿보인다. 상술의 사전적 의미는 '장사하는 솜씨나 꾀'인데, 어쩐지 얄팍한 '잡기술'이라는 이미지를 풍긴다. 실제로 당시 신문기사를 찾아봐도 '유대인의 상술을 교묘히 흉내 내어 어린이들을 대상으로 장사를 한다' 등의 부정적인 표현이 등장한다.

하지만 유대인의 상술은 창의성에서 나온다. 다른 사람들은 생각하지도 못한 매우 기발하면서 뛰어난 아이디어로 비즈니스에 창의성을 입혀왔기에 가능한 일이다. 틀에 얽매이지 않는 유대인의 사고

법이 그들을 세계에서 가장 유능하고 뛰어난 비즈니스 감각을 지닌 민족으로 만들었다.

약점을 강점으로 만드는 생각의 힘

유대인은 자신에게 주어진 불리함을 역으로 이용해 성공을 만들어내는 데 매우 뛰어나다. 가장 대표적인 예가 '백화점'이다. 오늘날 전 세계적인 유통 방식의 하나이자 판매 방식 가운데 하나인 백화점은 유대인에게서 시작되었다. 과거 기독교인들은 정통 종교인이었고 사회의 주류 세력이었기 때문에 전문점을 열 수 있었다. 예를 들어 농기계 전문점, 생활용품 전문점 등을 열어 물건을 팔았다. 하지만 이교도인 유대인은 그런 전문점을 열 수 없었다. 그래서 그들은 수레에 여러 물건을 담아 이동하면서 물건을 팔았다. 오늘날로 치면 '길거리 잡화점' 정도라고 할까?

전문점에 비한다면 고되고 초라한 방식이었다. 그런데 이런 고생스러운 판매 방식이 다양한 물건을 한군데 모아 놓고 파는 백화점으로 발전했다. 수많은 물건이 한곳에 모여 있으니 사람들은 사고 싶은 물건을 매우 편리하게 구매했다. 전문점이 아닌 잡화점만 운영할 수 있다는 제약이 오히려 강점으로 바뀐 것이다. 대량 판매와 염가 판매 역시 유대인이 시작한 근대적 유통 방식이다. 그들은 포도밭에서 포도를 수확해 판매하지 않고, 아예 포도밭 전체를 판매하는 '대량 판매'의 선구자였다.

열악한 상황을 유리한 상황으로 만드는 능력은 '중개인(broker) 제도'에서도 엿볼 수 있다. 중개인은 증권시장이 열린 초반기에는 정상적인 거래의 주체라기보다 '허드레 일꾼'이라는 인식이 강했다. 자본이 없던 유대인은 중개인으로 참여할 수밖에 없었다. 그러나 시간이 흐르면서 광범위한 네트워크를 가진 유대인의 중개에 의해 금융시장이 좌지우지되기 시작했다. 그 결과 '증권 중개인'이라는 신종 직업이 생겨났고, 유대인이 거의 독점하는 상황이 벌어진 것이다. 그러다 보니 증권시장 자체도 유대인이 쥐고 흔들게 되었다.

자신이 처한 악조건을 강점으로 바꾸는 능력은 '창의성'에서 온다. 아이에게 완벽에 가까운 환경을 만들어줄 수 있는 부모는 그리 많지 않다. 경제적으로 풍족한 가정이라고 해도 그 가정이 아이에게 완벽한 환경은 아니다. 아이는 돈만으로 자라지 않는다. 아이들이 느끼는 결핍과 불만족스러움은 매우 다양하며 그런 심리 상태를 부모가 다 충족시켜줄 수도 없다. 따라서 아이에게 완벽한 환경을 만들어주겠다는 생각이 아니라, 아이 스스로가 자신이 느끼는 결핍감을 채워나가도록 가르쳐야 한다. 부모는 '아이들에게 부족한 것'을 먼저 살피기보다 '부족함을 이겨나갈 수 있는 능력'을 살피고, 그 능력이 더욱더 자랄 수 있도록 교육해야 한다.

자발성과 주도성에서 피어나는 창의성

요즘 부모의 관심은 아이에게 어떻게 창의성을 가르치고 길러줄 것인가라고 해도 틀린 말이 아니다. 너도나도 창의성이 아이의 학업 수준과 미래를 결정짓는다고 외친다. 부모의 관심이 집중되어 있는 만큼 '창의성'은 언제나 부담스럽고 어려운 문제다. 무엇이 창의성인지 혼란스럽기도 하고, '내가 정말 아이를 창의적으로 키우고 있을까?' 불안하기도 하다.

하지만 창의성이란 그렇게 대단한 특성이 아니다. 타고나는 것도 아니고 머리가 좋고 천재적인 아이만 가질 수 있는 능력도 아니다. 창의성은 아이의 개성을 충분히 존중하는 일에서부터 시작된다. "모든 아이가 창의적이다. 단지 교육을 통해서 비(非)창의적인 아이로 커갈 뿐이다"라는 말이 있다. 자기만의 잠재력, 창의성, 개성을 타고난 아이들을 일방적이고 강압적인 교육을 통해 획일적으로 길러낸다는 뜻이다. "그건 안 돼." "이렇게 하는 게 좋아"라는 말로 아이를 일정한 틀 안에 가두어버리는 것이다. 세계적인 화가 파블로 피카소(Pablo Picasso)는 이렇게 말했다.

"모든 아이는 예술가로 태어난다. 문제는 그런 아이들이 어떻게 자라면서 예술가로 남아 있느냐이다."

우리는 아이를 훈육의 대상, 가르침을 받아야 하는 존재로 대한다. 그런 태도로는 아이가 가진 잠재력을 끄집어낼 수 없다. 아이의 말에 최대한 관심을 기울이고, 이래라 저래라 무조건 지시해서는 안 된다. 아이가 가지고 태어난 고유한 개성을 찾아내고 존중하여, 그것이 창의적으로 성장할 수 있게 도와주는 것이 부모의 역할이다. 아이가 어려움에 닥치거나 힘겨운 상황에 빠지더라도 부모가 안절부절하면서 먼저 나서서 해결해주려고 하면 안 된다. 그런 과보호를 받고 자란 아이들은 문제 해결 능력을 잃어버리고 의지 자체를 상실한다. 부모에게 모든 것을 맡겨버리는 아이가 어떻게 창의적인 아이로 자랄 수 있겠는가.

"네 일이니까 네가 알아서 해"라고 무관심하게 반응하거나 방치하라는 뜻이 아니다. 아이가 어려움에 처했을 때 부모와 아이가 함께 머리를 맞대고 고민하며 해결책을 찾아가야 한다는 뜻이다. '이렇게 해라, 저렇게 하는 게 맞다, 그건 틀린 방법이다'라고 부모가 먼저 판단을 내리면 아이는 더 이상 생각하지 않는다. 이런 상황이 반복되면 아이는 부모의 판단에 의지한 채, 자신의 판단을 못미더워한다. 심지어는 '부모가 인정할 만한' 판단을 내린 뒤 그 안에 숨어버린다. 아이가 안 좋은 상황에 처했거나 아이를 최대한 지원해주지 못하는 경우라도 "할 수 있는 방법을 함께 생각해보자"라고 독려해야 한다. 그러면 아이는 부모가 생각하지도 못한 방법을 스스로 찾아내곤 한다.

부모는 아이를 한없이 어리게만 바라본다. 하지만 부모가 모르는 사이, 아이는 스스로 세상을 받아들이고 생각하고 판단하며 성장한다. 아이의 판단을 믿고 잘못된 길로 가지 않도록 '최소한의 방향 수정'만 하겠다고 생각해야 한다.

유대인의 하브루타 교육의 핵심이 바로 이것이다. 어떤 생각이나 판단을 억지로 아이에게 주입하지 않고, 아이 스스로 길을 찾도록 방향만 제시해주는 방식이다. 나머지는 토론과 질문, 대답을 통해 아이 혼자서 찾아가도록 만든다.

기억해야 한다. 자발성 안에서 주도권이 생기고, 주도권 안에서 창의성이 꽃핀다는 사실을.

○ 아이들은 학교생활을 통해 자신의 약점을 차츰 알아간다. 아이가 자신의 약점이나 부족한 점을 불평하거나 드러내며 고민하면 부모는 관점을 '전환'시켜야 한다. "약점은 강점이 될 수 있어. 네가 생각하는 그런 약점을 어떻게 강점으로 바꿀 수 있을까?"라고 되묻는 것이다.

○ 아이가 스스로의 약점이나 악조건을 인정하고 그것을 역으로 전환할 수 있도록 함께 대화하고 고민하는 과정에서 아이의 자율성과 창의성은 부쩍 자란다. 약점을 감추려고만 하지 말고, 그것을 당당하게 드러내 인정하고 발상을 전환하면 뜻밖의 결과를 만들어낼 수 있음을 가르쳐야 한다.

상황을 반전시키는 생각법

이스라엘의 한 창업보육센터에서는 입주자들을 '선착순'으로 뽑는다고 한다. 세금으로 창업을 지원하고 보조하는 정책에 선발되는 사람들을 선착순으로 뽑는다고? 우리의 사고방식으로는 이해하기 힘든 일이다. 아무리 경제적으로 여유 없는 청년들의 창업을 지원하는 정책이라고 해도 자격 있는 사람을 선발해서 성공 가능성을 높여야 하는 게 아닐까라고 생각하기 쉽다. 하지만 이스라엘이 이렇게 누구에게나 창업 지원 조건을 열어놓은 이유는 지원자의 사업 아이템이 워낙 창의적이고 독창적이어서 심사하기 쉽지 않기 때문이다. 그러니 아이템으로 선정하는 것은 의미가 없고, 일단 창업에 대한 의지가 있는 모든 사람을 선발 대상으로 지정한 것이다.

조금 낯설기는 해도 곰곰이 생각해보면 맞는 말이다. 어느 누가 성공 가능한 아이템을 예측할 수 있겠는가. 다소 엉뚱하고, 때로는 쓸모없어 보이는 생각이 세상을 바꾼다. 게다가 그렇게 세상을 바꾸는 아이템은 비전문가의 생각에서 나오는 경우가 많다. 페이스북은 'IT 전문가'가가 아닌 대학생의 반짝이는 아이디어에서 출발했다. 중요한 것은 얼마나 그 분야의 전문가이고, 얼마나 많은 것을 알고 있는가가 아니다. 얼마나 '다른 생각', 얼마나 '새롭고 엉뚱한 생각'을 하고 있는가이다.

한 노인이 죽기 전에 침대에서 한 생각

1800년대 중반, 미국 캘리포니아 금광에는 일확천금을 노린 사람들이 전 세계에서 몰려들었다. 이른바 '캘리포니아 골드러시'라고 불리는 이 금광 붐에 유대인도 빠지지 않았다. 유대인들은 그곳에서 채광권을 선점하며 빠르게 부를 축적하고 있었다.

독일계 유대인 청년 리바이 스트라우스(Levi Strauss)도 그런 사람들 중 하나였다. 하지만 그는 금을 채굴하지는 않았고 금을 채굴하는 사람을 위해 천막 장사를 시작했다. 아무래도 야외에서 일하는 광부들이 많으니 햇빛을 피하고 밥도 먹을 수 있는 천막이 필요하다고 생각했던 것이다. 어느 날, 그는 대량의 천막을 주문받았다. 좋은 기회다 싶어 많은 돈을 들여 천을 주문했다. 그런데 천막을 주문했던 회사가 부도가 나고 말았다. 대량으로 주문한 천은 남아돌게 생겼고 투자한 돈은 회수할 길이 막막했다. 하지만 스트라우스는 낙담하지 않고 다소 엉뚱한 생각을 했다. 남아도는 천으로 광부들의 바지를 만들어보면 어떨까? 질긴 천막 재질이니 금방 해지거나 찢어지지 않을 것 같았다. 게다가 주로 산속에 있는 광산에는 뱀이 자주 출몰하니 뱀이 싫어하는 인디고색으로 천을 염색하면 더 좋을 듯했다. 그렇게 해서 생산된 바지는 불티나게 팔렸다. 그 바지가 오늘날의 '리바이스 청바지'다.

주어진 상황에 절망하지 않고 엉뚱한 사고의 반전으로 돈을 번 사람은 또 있다. 저명한 유대인 연구가 커유후이(柯友輝)는 이런 에피소드를 소개한다. 일흔일곱 살의 유대인 펠라는 임종을 앞둔 상황에서 가족에게 부탁해 신문 광고를 하나 게재했다. 가족들은 펠라가 죽음을 앞두고 있으니 자신의 삶을 회고하거나 명언이라도 남기려나 보다 생각했다. 그런데 그 광고 문구는 정말 엉뚱했다.

"이제 저는 곧 천국에 갈 예정입니다. 혹시 천국에 계신 가족에게 할 말이 있으신 분은 저에게 와서 사연을 말해주세요. 사연을 전해주는 대가로는 1인당 100달러만 받겠습니다."

반응은 생각보다 좋았다. 사람들은 펠라의 집 앞에 줄을 서기 시작했고, 그는 침대에 누워 1억 원 정도 되는 돈을 벌었다. '죽기 전에도 돈만 생각하는 유대인'이라고 손가락질하는 사람도 있을지 모른다. 하지만 엉뚱하고 차별화된 생각으로 상황을 반전시켜 돈을 벌어들이는 유대인의 생각법은 혀를 내두를 정도로 기발하다.

최고보다는 다른 것이 낫다

유대인 부모는 늘 아이에게 '다르게 생각하라'고 말한다. '최고보다는 다른 것이 더 낫다'는 것이 유대인 부모의 일관된 태도다. 달라야 창의적이 될 수 있고, 그래야 돈을 벌 수 있는 기회도 더 잘 만들어낼 수 있기 때문이다. 하지만 우리나라 교육은 어떤가. 모든 학생이 같은 생각을 하게 만든다. 그런 폐해를 막고자 고육지책으로 '논술' 시험을 만들어냈지만, 점수 잘 받는 논술 방식을 훈련시키는 학원이 생겨났다.

유대 속담에 이런 말이 있다.

"사자는 모기를 두려워하고, 코끼리는 거머리를 두려워하고, 전갈은 파리를 두려워하고, 매는 거미를 두려워한다."

사자는 동물의 왕이지만 코끼리에게 한번 밟히면 뼈도 추리기 힘들다. 전갈은 맹독이 있어 사막에서는 무서울 자가 없다. 매 역시 날카로운 부리와 매서운 눈으로 하늘을 지배하는 동물이다. 그런데 이런 동물들이 무서워하는 것이 모기, 거머리, 파리, 거미 같은 작고 볼품없는 것들이다. 이 속담은 '역으로 생각하기'의 가치를 알려준다. 한없이 연약해 보이지만, 사실은 가장 강한 것을 이길 수 있는 무기를 가지고 있는 반전이 존재한다는 것이다.

부도 위기에 몰린 상황에서 다른 사업 아이템을 떠올린 리바이

스트라우스, 죽음을 앞두고 어떻게 돈을 벌어볼까 궁리한 펠라. 이들은 주어진 상황을 있는 그대로 바라보지 않고 색다른 발상으로 새로운 상황을 만들어냈다. 위기를 기회로 만들고 절망을 희망으로 만들었다.

《탈무드》는 이렇게 말한다.

"어리석은 자는 기회를 놓치고 현명한 자는 기회를 잡는다. 약자는 기회를 기다리고 강자는 기회를 만든다."

"비관적인 사람은 기회 이면의 문제만 보고, 낙관적인 사람은 문제 이면의 기회를 본다."

'정형화된 생각의 틀'을 바꾸어야 상황을 반전시킬 수 있고, 그래야만 창의적으로 돈을 벌 수 있다. 물론 사고의 반전은 돈을 버는 데만 유용하지 않다. 인생을 살면서 수없이 마주치는 위기와 고난에 맞서는 어른으로 성장하는 밑거름이기도 하다. 그런 삶의 자세야말로 앞으로 세상으로 나아가야 할 아이들에게 줄 수 있는 가장 값진 유산이다.

○ 아이가 "엄마, 방법이 없어." "나도 이럴 줄 전혀 몰랐지." "이제 어떻게 해야 할지 정말 모르겠어"라고 말할 때가 있다. 이럴 때 부모가 난감해하면 아이도 새로운 기회를 찾으려는 노력을 포기할 수도 있다. "충분히 다른 길이 있어!" "안 좋게만 생각하지 말고 그 안에서 좋은 점을 발견하려고 노력해봐"라고 격려하자. 생각과 마음을 함께 나누는 것은 아이를 응원하는 가장 좋은 방법이다.

○ 안 좋은 상황을 발판으로 오히려 좋은 결과를 이끌어냈던 부모 자신의 경험담을 이야기해주면 좋다. 격려든 위로든 구체적으로 하는 것이 제일 효과적이다. 부모의 경험담도 좋고, 주위 친구들의 이야기, 또는 유명인이나 위인들의 일화를 들려주는 것도 아이에게 좋은 자극이 된다.

창의성을 키워줄 최고의 타이밍

불평불만이 많은 아이를 교육하기란 쉽지 않다. 항상 불평을 늘어놓고 불만이 많으면 부모의 마음도 힘들고 부정적인 아이로 자라지 않을까 걱정도 생긴다. 그런 아이를 볼 때마다 '혹시 내가 아이를 너무 부족한 상태에서 키우는 걸까?' 하는 의구심과 자괴감으로 고민에 빠지기도 한다. 그러나 아이의 불평불만을 잘 다루면 자신의 문제를 스스로 해결하는 아이로 키우는 기회가 될 수 있다.

불평과 불만의 이면

《탈무드》에 불만을 말하는 황제와 감사를 말하는 랍비의 딸에 관한 이야기가 나온다.

어느 날 황제가 한 랍비의 집에 찾아가 불만스러운 얼굴로 이렇게 말했다.

"하나님은 도둑이나 마찬가지입니다. 남자가 잠자는 틈을 타서 몰래 갈비뼈를 훔쳤으니 이것이 바로 도둑질이 아닙니까?"

이 말은 성경 창세기에 나오는 상황으로, 하나님이 남자의 갈비뼈로 여성인 하와를 만들었다는 이야기를 지적한 것이다. 그때 이야기를 듣고 있던 랍비의 딸이 황제에게 이렇게 청했다.

"폐하, 실은 어젯밤에 난처한 문제가 생겼습니다. 송구스럽지만 폐하의 부하 한 사람을 보내주실 수 있겠습니까?"

황제가 부하 한 명 보내주는 것은 일도 아니었지만, 어떤 난처한 일인지 몹시 궁금했던 황제는 그 일이 무엇인지 물었다. 랍비의 딸이 대답했다.

"어젯밤에 저희 집에 도둑이 들어 금고를 훔쳐가고 그 자리에 황금 항아리를 두고 갔습니다. 도대체 이런 일이 왜 생겼는지 조사해 보려고 합니다."

황제가 의아하다는 듯 물었다.

"그런 일이라면 난처한 일이 아니라 오히려 좋은 일이 아닌가. 그런 도둑이라면 나에게도 들었으면 좋겠구나."

그러자 랍비의 딸이 답했다.

"이 일은 하나님께서 아담의 갈비뼈 하나를 가져간 것과 크게 다르지 않습니다. 갈비뼈 하나를 가져갔지만 그것과는 비교도 할 수 없이 가치 있는 여자를 이 세상에 남긴 것이 아닙니까?"

황제는 고개를 끄덕이며 더 이상 '갈비뼈를 훔쳐간 도둑 같은 하나님'에 대해 이야기하지 않았다.

황제는 '갈비뼈를 도난당한 사실'을 부각하면서 불만을 말했다. 하지만 랍비의 딸은 '하와가 탄생한 일'을 부각하면서 그것이 얼마나 감사한 일이냐고 되받았다. 관점을 바꾸면 자신이 처한 상황, 사물을 바라보는 시각이 완전히 뒤바뀐다.

단점을 장점으로 승화시키는 법

우리는 많은 물건을 쓰면서 생활한다. 그런데 사용하기 불편한 물건들이 많다. 그럴 때마다 우리는 회사나 물건 만든 사람을 탓하면서 어떻게 이런 물건을 팔 수 있느냐고 투덜거린다. 여기서 잠깐 관점을 바꿔 다시 생각해보면 어떨까? 소비자의 입장에서만 생각하지 말고, 자신을 생산자나 물건을 만든 회사의 대표라고 생각해보는 것이다. 나라면 이 물건을 어떻게 보완할까? 나라면 어떻게 더 편하게 쓸 수 있는 물건을 만들까? 실생활의 불편함을 개선할 수 있는 방법을 생각하다 보면 뜻밖의 아이디어가 떠오르기도 한다. 창의성을 발휘해 불편함을 편리함으로 바꾸는 것이 곧 사업 아이템이다. '과거에 없던 완전히 새로운 창조'란 존재하지 않는다. 있는 것을 조금 바꾸는 것이 바로 창조다. 이 세상의 모든 발명품은 '불평불만의 산물'

이기도 하다. 노트북은 데스크톱을 들고 다닐 수 없는 불편함 때문에 만들어졌고, 자동차는 아무리 잘 달리는 말이라도 체력적인 한계가 있기 때문에 발명되었다.

아이가 불평불만을 말할 때도 창조적인 관점으로 전환할 수 있도록 유도할 수 있다. 아이가 불평불만을 말하면 이렇게 물어보자.

"그럼, 그걸 해결하려면 어떻게 해야 할까?"

아이를 다그치거나 야단치지 않고, 그 상황이 창의적인 발명의 순간이 될 수 있도록 끌어주면 아이들은 서서히 '문제 해결 방법'을 생각한다. 그리고 문제를 해결하려면 여러 가지 제약이 있으니 그때부터 창의성이 발현된다. 이런 태도와 생각은 아이의 인성에도 도움이 된다. 친구와 싸우고 문제가 생겼을 때 "그 문제를 해결하려면 너는 어떻게 해야 할까?"라고 질문을 던지면 처음에 아이는 "그 친구가 잘못했는데 내가 뭘 어떻게 하겠어?"라고 시큰둥하게 답할지도 모른다. 하지만 좀 더 진지하게 대화를 나누다 보면 아이 스스로 방법을 찾아가기 시작한다. 그리고 그 과정에서 자신의 단점을 찾아내고 그에 대해 곰곰이 생각하기도 한다.

페이스북의 창업자 마크 저커버그는 부끄러움을 많이 타서 친구들 앞에 잘 나설 수 없는 성격이었다. 누군가와 얼굴을 맞대고 소통하거나 능숙하게 대화하는 능력이 다소 부족했다. 어쩌면 단점이 될 수도 있었던 그의 성향은 페이스북의 '좋아요' 와 '공유' 기능에 접

목되었다. 드러내는 마음의 표현이 아니라 뒤에서 조심스럽게 마음을 전하는 방법으로 말이다. 자신의 단점을 사업 아이템으로 멋지게 승화한 것이다.

아이의 관점을 바꿔주는 것은 생각의 방향성이나 틀만 바꾸어줘도 전혀 다른 결과를 가져올 수 있는 매우 효과적인 교육법이다.

○ 아이가 불평불만을 말하는 이유는 여러 가지다. 자존감이 낮거나 스트레스가 많아서, 또는 친구들에게 인기를 끌기 위해서 그런 행동을 하는 경우도 있다. 대화를 나누어보고 그런 원인이라면 자존감을 높이고 스트레스를 잘 관리할 수 있게 도와주어야 한다.

○ 무의식적으로 부모의 행동을 내면화하면서 불평불만이 습관이 된 아이도 있다. 부모가 늘 불평불만을 늘어놓는 환경에서 자라면 아이 역시 지나치게 사소한 문제로도 부정적인 감정이 쌓일 수 있으니, 아이의 모습에서 자신의 모습이 보이지는 않는지 나 자신을 돌아보는 것도 중요하다.

아이를 부자로 만드는 7대 후츠파 정신

유대인의 정신적 문화 저변에는 '후츠파(Chutzpah) 정신'이 존재한다. 여기에는 유대인의 교육, 회사 운영, 사회 운영의 원리가 모두 담겨 있다. 한마디로 유대인 정신의 핵심이다. 유대인이 돈을 잘 버는 이유 또한 여기에서 찾을 수 있다. 후츠파는 '뻔뻔한 용기, 주제넘은 오만'이라는 뜻이다. 이는 7가지 정신으로 이루어진다. ▶위험 감수 ▶목표 지향 ▶형식 타파 ▶실패로부터의 학습 ▶섞임과 어울림 ▶끈질김 ▶당연한 질문의 권리. 아이들이 후츠파 정신을 스스로 내면화할 수 있다면 이 사회에서 훌륭한 인재로 성장하고, 더 나아가 부자가 되는 기회를 잡을 수 있다.

아이의 머리에 스파크를 일으켜라

'질문의 권리'란 새로운 탐색에 관한 의욕이라고 할 수 있다. 유대인 아이들은 이해가 안 되는 부분이 있다면 너무도 당연하게, 그리고 자연스럽게 질문하고 서로 대화를 나눈다. 이런 문화에는 평등정신이 내재되어 있어서 나이가 많든 적든, 지위가 높든 낮든 전혀 상관없이 자신의 생각을 당당히 말하고 상대와 논쟁한다. 그러다 보면 '충돌'이 생긴다. 내가 알았던 것과 상대방이 알고 있는 것이 섞이면서 불꽃을 일으키고, 결국은 새로움을 향해 나아간다.

아이가 거리낌 없이 질문하게 하려면 부모부터 열린 자세를 가져야 한다. 가끔 아이의 질문이 너무 난해하거나 어려우면 대답을 회피하거나 단념해버리는 부모가 있다. 내 대답이 맞는지 확신이 안 들고, 잘못된 대답을 하면 어쩌나 걱정이 되기 때문이다. 그러나 질문을 꺼리는 부모 밑에서 질문을 잘하는 아이가 자랄 수는 없다. 부모는 '아이의 모든 질문에 정확한 대답을 해야 한다'는 강박을 버려야 한다. 자신이 답할 수 없는 질문이라면 함께 검색하면서 알아갈 수도 있고, "아빠 생각에는 말이야"라거나 "엄마는 이 정도로 알고 있지만" 하는 식으로 아이가 스스로 답을 찾아갈 수 있을 정도의 역할만 해도 충분하다. 그러니까 일종의 '브리지(bridge)' 역할을 하는 것이다.

질문을 잘하는 아이는 질문을 많이 받아본 아이라는 사실도 잊어서는 안 된다. 지식이나 정보에 관련된 질문도 좋지만 삶의 목표에 대해서, 요즘 행복한지, 최근에 가장 관심 있는 것이 무엇인지 묻는 사적인 질문도 좋다. 공부나 학교생활에 관한 질문은 아이에게도 식상할 뿐만 아니라, 대충 대답하기 딱 좋은 질문이다. 조금 더 구체적이거나 의외의 질문을 던지면 아이도 흥미를 보일 것이다. 세상의 모든 것이 질문이 될 수 있다. 부모가 아이에게 질문을 던지는 순간, 아이의 머리에는 스파크가 일어나고 생각을 하기 시작한다.

아이의 머리에 스파크를 일으키려면 다른 사람의 '눈치'를 보지 않도록 해야 한다. 우리나라는 특히 다른 사람의 시선에 매우 민감하다. 주변 사람의 눈치를 보거나 '남들이 나를 이상하게 볼 거야'라는 생각에 얽매여 있으면 과감하면서도 엉뚱한 도전은 할 수 없다. '엄마에게 혼나지는 않을까?' '다른 사람이 날 이상하게 볼 텐데'라고 생각하는 아이가 어떻게 새로운 시도를 하겠는가. 형식 타파의 본질은 도전이다.

형식 타파의 정신을 길러주기 위해서는 아이가 하는 말과 행동을 있는 그대로 인정해야 한다. 비도덕적인 일이거나 남에게 피해를 주는 행동이 아니라면 아이가 하는 모든 행동은 아이의 개성이라고 생각해야 한다. 부모의 관점, 다른 누군가의 관점이 아닌 아이의 관점으로 아이를 바라봐야 한다.

'실패로부터의 학습'도 중요하다. 아이가 안정적이고 안전한 길만 걸어 성공하길 바라는 것이 부모의 마음이다. 그러나 모든 성공의 절대원칙은 실패를 통한 배움과 체득이다. 아이가 어떤 일에서 실패하거나 자신이 실패했다는 사실을 부모에게 털어놓았을 때, 부모는 절대 실망하거나 안타까워하지 말아야 한다. 실패는 슬퍼하고 부끄러워할 일이 아니라는 것을 가르쳐야 한다.

"이제 실패하지 않는 또 하나의 방법을 알게 됐구나!"

"와, 스스로 큰 배움을 얻게 되었네!"

이렇게 말하며 실패를 기꺼이 받아들이는 부모가 있을 때, 도전을 두려워하지 않고 실패에서 스스로 일어나는 정신력을 가진 아이로 성장한다.

부모가 알려주는 하이 리스크, 하이 리턴

'목표 지향'과 '끈질김'은 하나의 세트다. 목표가 명확하지 않은데 끈질김이 발휘될 리 없고, 끈질기기 위해서는 반드시 목표가 명확해야 한다. 이런 덕목을 공부만이 아닌 경제활동에서도 발현할 수 있도록 부모가 유도해야 한다.

'위험 감수'는 부자를 만드는 원동력이다. '하이 리스크(High Risk), 하이 리턴(High Return)'이라는 말도 있듯이 위험을 감수하는 도전정신에서 더 많은 수익이 발생한다. 이런 덕목을 길러주기 위해서는 평소에 아이에게 용기를 주어야 한다. 무언가를 실행할 때 망설이거나 주저한다면 "한번 해봐. 해봐야 어떤지 알 수 있지"라거나 "해보지 않으면 얻을 수 있는 건 별로 없어"라는 말로 '리스크와 리턴'을 체감할 수 있도록 해야 한다. 이렇게 한두 번 도전해서 무언가를 얻은 아이라면 그다음부터는 자신감을 갖고 실행한다. 자신이 원했던 것을 얻어내는 달콤한 결실은 매우 빠르게 학습되기 때문이다.

'섞임과 어울림'은 우리나라 교육 제도에서 체득하기 힘든 덕목이다. 대학 입학시험을 보기 위해서는 같은 반 친구도 경쟁자로 생각해야 한다. 이런 경쟁적인 환경에서는 열린 마음으로 서로 어울리기 쉽지 않다. 청소년 시절부터 오로지 혼자 공부하고 혼자 성취하는 우리나라 교육 제도에서 타인과 섞이고 어울리면서 협력하는 자질을 기르기는 쉽지 않다. 이런 덕목의 중요성을 알려주기 위해 특별한 미션을 주는 것도 하나의 방법이다. 형제가 있다면 '함께 해내는 과제'를 주거나 친구 한두 명과 머리를 맞대어 성과를 이뤄냈을 때 보상해주는 방법도 좋다.

후츠파 7대 정신은 아이 교육의 기본이자 비즈니스 측면에서도 부자로 가는 지름길이다. 끊임없이 배우고, 도전하고, 협력하고, 끈질기게 목표로 향해 나아가는 아이에게 성공은 이미 손에 쥐어진 것이나 다름없다.

○ 후츠파 정신에 가장 방해되는 것은 '권위'다. 부모나 선생님 등 어른들의 권위가 강하게 작동하는 환경에서 당돌한 후츠파 정신은 발현되기 어렵다. 그렇다고 자기 멋대로 하고 싶은 대로 할 수 있게 교육하라는 뜻은 아니다. 아이의 질문과 도전을 권위라는 이름으로 억눌러서는 안 된다는 뜻이다.

○ 이분법적인 사고에서 벗어나야 한다. 아이들이 부모에게 자주 묻는 질문 가운데 하나가 "해도 돼?" "하면 안 돼?"이다. 세상을 이분법으로만 바라봐서는 제3의 창의적인 길을 찾기 힘들다. 아이가 그런 질문을 던지면 "해도 되지만 ~까지 해서는 안 돼"라거나 "안 하는 것이 좋지만 네가 ~ 약속을 지켜준다면 해도 괜찮아." 등 다른 선택지를 제안하면 좋다.

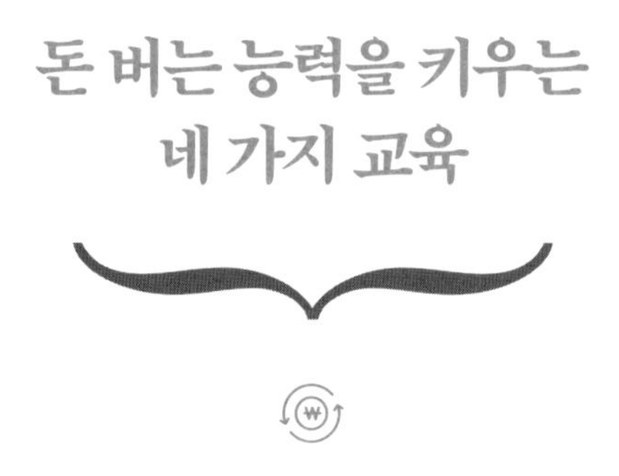

돈 버는 능력을 키우는 네 가지 교육

'돈을 잘 버는 능력'은 무엇일까? 타고난 사업 감각이나 돈에 대한 강한 집착이 있어야 할까? 시대를 잘 타고 나야 할까? 그렇다면 돈을 잘 버는 능력은 '감각이나 우연'으로 얼떨결에 얻는 행운밖에 되지 않는다. 하지만 '돈을 잘 버는 능력'은 행운이 아닌 교육의 영역이다. 유대인의 경제 교육도 '돈을 잘 버는 능력'은 후천적으로 길러진다는 것을 알려준다. 만약 그렇지 않았다면 오늘날 유대인의 경제 교육법이 이토록 유명해지지도 않았을 것이다.

돈 버는 능력을 만드는 돈 버는 교육

유대인 부모는 아이가 어렸을 때부터 네 가지는 꼭 가르친다. 언뜻 보면 서로 관련성이 없어 보이지만 잘 뜯어보면 매우 긴밀한 연관성을 가지고 있다.

첫 번째는 '이중 언어 교육'이다. 유대인은 아이들에게 자국의 언어인 히브리어 이외에도 최소 2개 이상의 외국어를 가르친다. 중세 시대의 히브리어인 '이디시(Yiddish)', 그리고 영어는 필수로 익힌다. 이 외에도 독일어, 불어 등의 언어를 가르친다. 따라서 유대인 아이들은 이미 열 살 정도만 되어도, 아주 능숙하지는 않지만 3~4개 언어를 넘나드는 언어 능력자가 된다. 요즘에는 한류 열풍으로 한국어를 배우는 유대인 아이도 있다고 한다. 그러나 언어 교육이 부모가 무작정 시킨다고 되는 일은 아니다. 어려서부터 언어의 중요성을 알려주고, '외국인 친구들'과 함께 대화하는 것이 얼마나 큰 즐거움인지 경험할 수 있어야 언어 능력도 빠르게 향상된다.

두 번째는 '암산'이다. 암산은 단지 머릿속으로 숫자를 더하고 빼는 것을 의미하지는 않는다. 암산은 집중력을 끌어올린다. 앞에 나온 숫자와 뒤에 나온 숫자를 기억해야만 답이 나온다. 또한 머리를 빠르게 회전해야 하기 때문에 두뇌 개발에도 좋다.

세 번째는 '메모하는 습관'이다. "유대인은 애매모호함을 용서하지 않는다"라는 말이 있다. 정확하게 기록해야만 그것을 근거로 올바른 판단을 할 수 있다고 믿는다.

마지막 네 번째는 '잡학(雜學)의 권장'이다. 사실 우리에게 잡학은 그다지 긍정적으로 받아들여지지 않는다. "한 우물을 파라"라는 말처럼 '전문직'에 대한 선호가 강하기에 '잡학'은 쓸 데 없는 얕은 지식이라고 생각하는 경향이 있다. 그러나 유대인은 어려서부터 부모와 정치, 경제, 역사, 스포츠, 문화 등 학교 공부나 일상생활에 크게 도움되지 않는 잡다한 이야기를 나누며 토론을 한다.

그런데 이 네 가지 능력이 어떤 방식으로 서로 연관되어 있으며, 돈 잘 버는 능력에 어떤 도움을 주는 걸까? '폭넓고 명쾌한 의사소통, 그것을 통해 정확한 정보력'을 얻는 데 큰 도움이 된다.

돈 잘 버는 교육법은 결국 하나다

돈을 잘 벌려면 정보에 민감해야 한다. 정보력에서 앞서는 사람이 돈을 잘 벌 수밖에 없다. 유대인이 세계 금융시장을 장악하고 있는 이유는 그들이 가진 정보력도 큰 몫을 차지한다. 주가는 이슈에 매우 민감하게 반응한다. 때로는 영향력 있는 사람이나 매체의 말 한마디로 주가가 폭락하거나 폭등하기도 한다. 그러니 환율이 오르내리고 금값과 석유값이 시시각각 변하는 상황을 면밀히 관찰하고 그 원인을 분석하고 판단해야 한다.

사업을 할 때도 마찬가지다. 요즘 사람들의 트렌드가 어떻게 변하는지, 무엇에 관심이 있는지 알아야만 그 분야를 선점하고 돈을 벌 수 있다. 자영업도 다르지 않다. 치킨집이 한창 잘될 때 '치킨집은 지금이 절정이고, 곧 포화상태가 되어 내리막을 걷는다'라는 정보를 얻었다고 해보자. 이 정보를 들은 사람과 '치킨집은 호황이다' 라는 말만 믿는 사람의 결과가 같을 수는 없다.

유대인의 정보력은 안식일 시간과도 관련이 있다. 그들의 안식일은 기독교처럼 토요일 아침에 시작하지 않고 금요일 일몰부터 시작된다. 그리고 일요일 일몰에 안식일이 끝나면 그때부터 각자의 커뮤니티에서 그간 수집한 정보를 교환하고 월요일 아침부터 그 정보를 바탕으로 사업을 전개한다. 다른 사람들이 월요일 아침부터 일을 시작하며 정보를 교환할 때, 유대인은 이미 정보 파악이 다 끝낸 상태가 된다. 반걸음 앞선 정보력으로 위상을 높여온 것이다.

그런데 정보의 생명은 '정확성'이다. 유대인 아이들이 어려서부터 메모하는 습관을 철저히 지키는 이유는 정확함을 유지하기 위해서다. 여기에 3~4개의 외국어를 할 수 있으니 정보를 받아들이고 교환하는 폭이 대폭 늘어난다. 한국 사람들끼리 소통하는 것보다 영국, 미국, 독일 사람과 소통하면 정보의 양은 늘어나고 정보의 질은 높아질 수밖에 없다. 이런 정보를 조합하면 정확성은 더욱 높아진다.

다양하게 공부하고 토론하는 것 역시 정보력과 관련이 있다. 특정한 정보가 정확한지 아닌지 정보 자체만으로는 판단하기 힘든 경우가 있다. 배경지식이 풍부하고 정보를 바라보는 자신만의 확고한 논리가 있어야 한다. 하나의 정보를 정치의 관점, 경제의 관점, 역사와 문화의 관점에서 두루 조명해야 정보의 가치가 제대로 드러난다.

유대인이 잡학을 공부하고 그에 대해 토론과 논쟁을 벌이는 이유도 바로 여기에 있다. 잡학이 쌓일수록 정보를 다각도로 조명할 수 있고, 그 가치를 제대로 조망할 수 있다.

마지막으로 암산은 사고의 속도를 빠르게 만든다. 돈이란 결국 숫자다. 어떤 이야기를 들었을 때 내가 얻을 수 있는 경제적 이득이 어느 정도인지 순식간에 계산한다면 빠르게 판단을 내릴 수 있다.

이렇게 유대인의 네 가지 교육 방식은 '폭넓고 명쾌한 의사소통, 그것을 통해 얻는 정확한 정보력'으로 압축된다. 물론 정보력이 돈 버는 능력의 전부는 아니다. 그러나 정보력 없이 돈을 버는 것은 불가능하다. 더 나아가 이런 능력은 삶의 질을 높이는 데에도 큰 도움이 된다. 소통 과정에서 상대의 의도를 정확하게 읽어내고 대응하거나 외국인과도 활발하게 교류한다면 그렇지 않은 사람에 비해 삶의 수준이 달라질 수밖에 없다. 그뿐이겠는가. 다양한 지식을 토대로 대화를 나누면 누구에게나 매력적이고 흥미로운 사람이 되어 인간관계 또한 풍요로워질 것이다.

돈 잘 버는 능력을 키우는 네 가지 교육법은 결국 하나로 통합된다. '빠르고 풍부한 질 높은 정보력'이 그것이다. 정보는 누가 가져다주지 않는다. 꾸준한 습관과 노력을 통해 터득한 능력으로 발견하는 것이다. 곳곳에 숨어 있는 정보에서 가치를 발견하고, 그 발견을 통해 미래를 예측하는 능력. 그것이 돈 잘 버는 기술의 핵심이다.

○ 아이가 자신이 할 일을 메모하고, 그 메모를 토대로 할 일을 하나씩 수행하게 하자. 함께 마트에 가기 전에 무엇을 살지 메모하는 것도 좋은 방법이다. 그리고 그 메모대로 정확하게 샀는지 아이가 체크할 수 있도록 하자.

○ TV 보는 시간을 활용해 다양한 분야에 접근해보자. 뉴스나 예능을 함께 보면서 문화, 정치, 역사, 경제에 대해 자유롭게 이야기해보자.

○ 많은 부모가 외국어 습득이 아이 교육의 필수라고 여긴다. 중요한 것은 외국어는 실용적인 측면에서 접근해야 한다는 점이다. 공부를 위한 외국어가 아닌 소통 가능한 외국어 공부를 해야 한다. 외국어를 능숙하게 구사하는 일이 삶을 얼마나 풍요롭게 만드는지 다양한 매체와 경험을 통해 깨닫게 하는 것이 중요하다. 동기부여가 되지 않으면 외국어 공부는 어렵고 지루할 뿐이다.

★ ★ ★ ★ ★ ★
HAVRUTA

4장

반드시 길러야 할 경제 습관

성공과 실패는 수많은 습관이 모여 만드는 결과물이다. 몸을 건강하게 유지하는 습관, 공부를 잘하는 습관, 좋은 관계를 맺는 습관이 있듯이, 돈을 잘 벌고 현명하게 소비하는 습관도 있다. 어릴 때 이런 경제 습관을 제대로 배우지 않으면 성인이 되어서도 낭비를 일삼고, 열심히 노력해도 원하는 결과를 얻지 못하는 안타까운 일이 벌어질 수 있다. 특히 소비는 문화적 성격을 가진다. 흔히 말하는 '소확행' '욜로족' 같은 세태가 만든 낭비하는 소비 습관은 건강한 소비에 좋지 않은 영향을 미칠 수 있다.

따라서 어렸을 때부터 성인이 되어서도 흔들리지 않는 경제 습관을 길러야 한다. 뿌리 깊은 나무가 단단하게 성장하듯, 어릴 때 배운 건강한 경제 습관은 성인이 되어서도 경제적으로 건전한 삶을 꾸리는 데 큰 도움이 될 것이다.

협업을 위한 토론과 논쟁의 기술

우리나라 아이들은 똑똑하고 공부도 잘한다. 세계적으로도 증명된 사실이다. OECD에서 주관하는 국제학업성취도평가(PISA)만 봐도 읽기 2~7위, 수학 1~4위, 과학 3~5위로 평균보다 적게는 27점, 많게는 37점이나 높다. '세계 상위 수준'에 속한다. 충분히 자부심을 가질 만하다. 그런데 이렇게 똑똑한 우리나라 아이들이 외국계 글로벌 회사에 입사하는 건 쉽지 않다. 입사했다 하더라도 적응하기 힘들어하는 경우도 많다. '협업'에 약하기 때문이다. 우리나라 사람들은 혼자서 하는 일에는 탁월하다. 하지만 토론을 해서 결과를 만들거나 협업을 해야만 하는 일에는 조금 서툴다. 돈 버는 능력에서도 '협업'은 매우 중요한 덕목이다. 서비스나 제품은 동료들과 '함께' 만들어야 하고, 소비자들은 그 제품에 '동의'해서 구매해주어야 한다. 소비자와도 일종의 '협력 관계'를 맺고 있는 것이다.

만장일치의 위험성

우리는 '만장일치'를 좋아한다. 구성원 모두가 동의하면 '올바른 의견'이 되고 아주 흔쾌히 박수를 치며 합의해 도달한다. 하지만 유대인은 정반대다. 만약 어떤 사안에 대해 만장일치가 이루어지면 '도대체 어떻게 이런 일이 있을 수 있지?'라며 의심한다.《탈무드》에 이런 이야기가 있다.

어떤 사람이 큰 잘못을 저질러서 판사 전원 일치로 그에게 가혹한 판결을 내렸다. 우리 같으면 아무 문제없이 그 판결을 받아들일 것이다. 하지만 유대인은 달랐다. 판사들은 전원 일치 판결을 무효로 하고 증거를 다시 조사하라고 명령했다. '모든 판사가 같은 생각을 한다는 것은 아무래도 이상하다'는 이유에서였다. 유대인은 잠재적으로 논쟁의 여지가 없는 상황에 거부감을 느낀다. 어려서부터 수많은 토론과 논쟁을 해왔던 그들에게 모두가 동의하는 상황이란 매우 기이하고 이상한 일이다. '유대인 세 명이 모이면 네 가지 의견이 생긴다'는 유대 속담이 있다. 그만큼 다양한 의견이 가능하고 그런 상황에 열린 태도를 가지고 있다는 뜻이다.

유대인 교육은 '처음부터 끝까지 토론이다'라고 해도 틀린 말이 아닐 정도다. 유대인은 왜 이렇게 토론을 중요하게 생각할까? 사실 토론의 궁극적인 목적은 '너와 내가 다르다'는 것을 확인하려는 목적이 아니라, '서로의 다름 위에서 협력하기 위한 것'이다. 사람과 사람 사이에는 동질성뿐 아니라 이질성도 있다. 동질성만 보고 협력했다가는 나중에 드러난 이질성 때문에 문제가 생기곤 한다. 토론 교육은 서로의 차이를 인정하고 이해하며, 그 토대 위에서 협력하기 위한 것이다.

하지만 우리의 학교 교육은 토론 교육을 중요하게 생각하지 않는다. 그러니 공부 실력은 세계 상위권이지만 정작 협력하는 업무에서는 능력을 제대로 발휘하지 못하고, 공동 창업도 꺼려 하는 분위기가 강하다.

토론과 논쟁에서 돈이 나온다

아이들에게 "바늘 끝에 천사가 몇 명이나 앉을 수 있을까?" 하고 물어보자. 아이는 이렇게 이야기할지 모른다.

"엄마, 지금 학교 공부도 바쁜데 그런 말도 안 되는 질문에 답을 해야 돼?"

만약 반대로 아이가 이런 질문을 하면 많은 부모가 이렇게 말할 것이다.

"쓸데없는 소리 그만하고 공부나 해. 거기에서 밥이 나오니, 돈이 나오니?"

《탈무드》의 랍비들은 이 문제로 오랫동안 토론하고 논쟁했다. 중요한 것은 정말 몇 명의 천사가 바늘 끝에 앉을 수 있는지가 아니다. 이런 문제에 접근하는 태도와 방식, 끊임없이 답을 찾으려고 고민하고 도전하는 자세가 중요하다.

어떤 부모는 이런 질문이 엉뚱하고 쓸데없다고 생각할지 모르지만, 때로는 이런 질문에서 돈이 나오기도 한다. 세계적인 기업의 입사 면접에서 이와 비슷한 질문을 많이 하기 때문이다. 만약 이런 유형의 문제로 토론한 경험이 있고 그런 토론 방식에 익숙한 사람이라면 누구보다 경쟁력을 가질 수 있는 것이다.《탈무드》에 기록되어 있는 수많은 이야기가 바로 토론의 주제가 되고 토론으로 자기를 찾아가는 과정과 관련되어 있다. 유대 민족으로 어떻게 살아야 하는지 지혜가 담겨 있기도 하지만, 사회에서 일어나는 수많은 관행을 공부하고, 비판적 사고를 높이고, 도덕적 판단 기준을 재정립하면서 완숙한 사회인이 되는 데 기여하는 내용으로 가득하다.

나는 막내아들이 일곱 살이 되었을 때부터 어린이신문을 보고 한두 개 기사를 주제로 아침 밥상에서 대화하는 시간을 가졌다. 고등학생이 될 때까지 계속했다. 분야도 한정 짓지 않고 정치, 경제, 사회 분야를 망라했다. 그러다 보니 아이의 논리적 표현과 글쓰기 수준이 상당히 좋아졌다. 지나고 보니 아쉬운 점도 있다. 경제용어나 개념 위주로 경제 교육을 한 점이 그렇다. 실생활에서 경험하고 실생활을 통해 이해할 수 있는 경제 교육을 했다면 어땠을까 싶다.

토론과 논쟁은 삶의 무기이다. 아이는 토론과 논쟁을 통해 다른 사람과 생각을 나누고 차이를 이해하고 더 높은 협력의 기회를 만들 수 있다. 그리고 이 협력을 통해 어떻게 경제적 가치를 만들어낼 수 있는지 혜안을 얻는다. 학교가 가르쳐주지 않는다면 부모가 가르쳐야 한다.

○ 어린이신문을 무작정 구독하고 "매일매일 읽어"라고 강요하면 효과가 없다. 어느 순간, 읽지도 않은 신문이 수북하게 쌓일 것이다. 게임과 동영상에 익숙한 아이들이 흑백 텍스트에 스스로 몰입하기란 거의 불가능하다. 따라서 아이의 관심사를 접목해 유도해야 한다.

○ 아이가 게임을 좋아한다면 게임 기사부터 시작하자. 게임회사가 어느 정도의 수익을 창출하는지, 그것이 사회에 미치는 여파는 어느 정도인지부터 이야기해보면 어떨까? 꼭 기사가 아니어도 괜찮다. 게임 캐릭터, 무기나 옷, 스킬에 대해 이야기하면서 서서히 아이의 관심을 유도해보자.

○ 아이의 세계에 동참하고, 그 세계를 토론과 논쟁의 장으로 끌어내는 것. 이것이 부모가 할 수 있는 효율적인 경제교육 방법이다.

소확행과 욜로족의 함정

유대인은 어떨 때는 돈을 지독하게 아끼면서, 또 어떤 경우에는 돈을 펑펑 쓰는 상반된 모습을 보이곤 한다. 그러다 보니 '유대인들은 기분 내키는 대로 돈을 쓰는 건가?'라고 생각할 수도 있다. 하지만 돈에 관해서는 전 세계에서 가장 철저한 그들이 결코 기분대로 돈을 쓸 리 없다.

그렇다면 이 두 가지 극과 극의 모습을 어떻게 이해해야 할까? 이러한 소비 습관에 대해 살펴보는 것은 아이의 미래 소비 습관을 바로 잡아주는 매우 중요한 계기가 된다. 어렸을 때부터 소비에 관한 자신만의 기준이 없으면, 아이는 소비에 대해 스스로 깨우칠 때까지 꽤 오랫동안 기분에 따라 돈을 쓰는 악순환에 빠진다. 아무리 돈을 벌어도 그 이상으로 써버리면 언제나 '적자 인생'일 수밖에 없다. 돈을 잘 버는 능력을 길러주는 것도 중요하지만 소비 습관을 가르치는 일이 중요한 이유가 여기에 있다.

필요 소비가 아닌 감정 소비로 가는 아이들

유대인의 소비 생활은 '절약'이라기보다 '내핍'에 더 가깝다. '그냥 좀 아낀다'가 아니라 '약간의 고통을 감수하고서라도 철저하게 아낀다'는 개념이다. 이는 가난이 얼마나 괴로운 일인지 잘 아는 일상의 체험에서 나왔지만, 더 근본적으로는 성경에서 기인한다. 모든 물질은 하나님의 소유이며 자신은 그것을 지키는 청지기일 뿐이니, 관리자에 불과한 인간이 하나님의 소유물을 마음대로 쓰면 안 된다고 생각하는 것이다. 하지만 어떤 경우에는 지인에게 매우 값비싼 선물을 하는가 하면, 큰돈을 들여 여행을 가기도 한다.

이렇게 전혀 다른 모습이 공존한다니 이해하기 어렵지만, 그들의 소비 기준은 '합리성'에 있다. 유대인은 돈을 쓰지 않아야 할 때 내핍하는 것은 '합리적인' 일이며, 돈을 쓸 때 쓰는 것 역시 '합리적인' 일이라고 여긴다. 만약 아껴야 할 때 낭비하고, 써야 할 때 아낀다면 이 역시 올바른 소비 습관이 아니다. 부모님에게 선물할 때 돈을 아끼거나 아이가 간절하게 무엇인가를 하고 싶을 때 돈을 아낀다면 이는 합리가 아니라 '수전노'일 뿐이다. 물론 합리성의 기준이 어디 있느냐에 따라 달리 해석할 수도 있지만, 중요한 것은 '자신만의 기준'이 있다는 점이다.

'소확행'과 '욜로족'이라는 말이 있다. 소확행은 '소소하지만 확실한 행복'의 줄임말이고, '욜로족'은 '인생은 오직 한 번뿐(You Only Live Once)'이라는 뜻의 영문 머리글자를 딴 신조어이다. 이 말들은 작은 것에 만족하고 현재에 충실한 삶을 지향하며, 그런 삶을 위해 돈을 쓰는 것은 개인의 행복을 위한 합리적 소비라 여긴다. 크고 화려한 것만 좇다가 인생을 허망하게 보내는 경우도 많기에, 이렇듯 작은 것에 감사하며 행복을 느끼는 삶도 매우 의미 있다. 문제는 이러한 소확행식 소비의 지향점이 '돈을 쓰면서 얻는 즐거움'에 있다는 점이다. 즉 돈을 쓰는 기준 자체가 '나에게 확실한 즐거움과 행복한 기분을 주는가, 주지 않는가?'에 맞춰져 있다. 돈을 써야 하는 확실한 필요성과 합리적인 이유가 아닌, 그저 '감정'에 의존하고 있다는 점이 문제다.

욜로식 소비도 마찬가지다. '현재를 즐기자'라는 말은 존중받아야 할 가치관이다. 인생이란 끊임없는 현재가 모여 흘러가기에 현재가 즐거워야 인생 자체가 즐겁고 행복해진다. 그런데 이 말을 과하게 해석하고 왜곡해서 받아들이는 사람들이 있다. 특히 젊은 층에서 이 말을 현실도피나 현실 안주의 개념으로 받아들여서 능력을 벗어난 외제차나 명품 구입에 망설임 없이 돈을 쓰곤 한다. 20대의 소비 성향은 위험할 정도다. '명품 시장의 큰손'으로 떠오르고 있다는 보도도 있다. 그렇다고 이들 모두가 돈 많은 집안의 아이일까? 3~4개월 알바하면서 번 돈을 아끼고 아껴 수백만 원짜리 명품을 사는 아이들이 많다고 한다. 욜로식 소비의 본질은 '합리적 기준'이 아닌 '한 번밖에 없는 인생 즐겁게 살자'이다. 이 또한 소비의 기준이 감정에 맞춰져 있다는 점에서 위태로운 소비 습관이다.

돈을 쓰는 즐거움보다 돈을 모으는 즐거움

유대 속담 중에 이런 말이 있다. "일생에 한 번 맛있는 요리를 실컷 먹고 다른 날에 굶는 것보다는 평생 양파만 먹고 사는 게 낫다." 소비와 감정에 관한 유대인의 관점을 잘 보여주는 말이다. '맛있는 요리를 실컷' 먹으면 기분은 매우 좋아진다. 그러나 무분별하게 돈을 쓰고 나면 그 소비의 결과를 스스로가 온전히 감당해야 한다. 하지만 양파만 먹으면 먹는 즐거움은 줄어들겠지만 빈곤 때문에 오는 고통의 크기는 작아진다.

따지고 보면 먹는 것만큼이나 소소하고 확실한 행복이 어디 있겠는가. 혀끝을 만족시키는 음식을 먹는 것만큼 현재를 즐길 수 있는 쉬운 일은 많지 않다. 하지만 그 잠깐의 즐거움이 고통의 시작이 될 수 있다. 3개월 동안 알바해서 명품을 사면 그 순간은 행복하겠지만 다시 알바를 해야 하는 육체적 고단함을 감내해야 한다. 오늘 내가 느낀 최대치의 즐거움이 빈곤을 만들어 고통을 가져올지도 모른다.

우리 사회에 이런 소비 문화가 생긴 것, 특히 20대 젊은 층에서 이런 소비 성향이 두드러지는 이유는 어려서부터 경제 교육을 받지 못했기 때문이다. 어쩌면 탈출구 없는 젊은이들의 현재가 만들어낸 현상일지도 모른다. 누구든 스트레스를 받으면 그것을 어떤 식으로든 풀어야 한다. 스트레스가 해소되지 않고 쌓이기만 하면 사람은 지치고 힘들어진다. 하지만 우리 아이들은 학업에 대한 압박감 속에서 스트레스를 푸는 방법조차 제대로 배우지 못했다. 그러다 돈을 벌 수 있는 나이가 되면 이제까지 받았던 스트레스를 소비로 풀고, 그것을 '소소하지만 확실한 행복'으로 포장한다. 내일이 존재하지 않는 소비 습관을 만들어내는 것이다. 억압된 감정이 소비로 폭발하는 것은 최근에 등장한 '보복 소비'라는 말에서도 여실히 드러난다. 코로나19로 인해 강제로 집 안에 갇혀 있는 사람들이 마치 그런 상황에 보복이라도 하듯 돈을 써대는 것을 가리키는 말이다.

아이들이 이런 식의 감정적인 소비 습관을 가지지 않도록 '돈을 쓰는 즐거움'보다 '돈을 모으는 즐거움'이 더 크다는 사실을 알려주어야 한다. '가난한 사람은 돈을 쓰면서 스트레스를 풀지만, 부자는 돈을 모으면서 스트레스를 푼다'는 말이 있다. 어려서부터 돈 모으는 즐거움을 알려준다면, 그래서 '돈을 모으는 행위는 내 인생을 준비하는 즐거운 과정'이라는 인식을 심어준다면 소확행과 욜로식 소비는 아이들에게도 '과소비'로 다가올 것이다.

그러기 위해서는 아이들이 스트레스를 스스로 풀 수 있는 방법을 터득하도록 도와야 한다. 아이들은 스트레스에 매우 취약한 존재다. 부모로부터, 선생님으로부터, 또래 집단으로부터 받는 공부와 인간관계에 대한 압박을 풀 방법이 없다. 아이가 자신의 스트레스를 적절하게 풀 수 있는 방법을 함께 찾고 알려주어 소비를 통해 스트레스를 해소하는 습관을 들이지 않도록 해야 한다.

○ '돈을 모으는 즐거움'을 느끼기 위해서는 그 돈에 의미를 부여해주어야 한다. 저축한 돈은 현실적으로 물질적 가치가 없다. 은행이나 통장 안에 들어 있는 돈이다 보니 실재감이 없기도 하다. 그래서 아이들은 돈을 저금하거나 모으는 행위에 흥미를 느끼지 못한다. 반면에 돈을 쓰면 즉각적인 즐거움을 얻을 수 있기 때문에 돈을 쓰려는 욕구가 강해질 수밖에 없다.

○ 저축한 돈에 적절한 의미를 부여해보자. "그 돈은 언젠가 아주 유용하게 쓸 수 있어." "그 돈은 네가 정말 뭔가를 원할 때 너에게 도움이 될 거야." 등의 말로 돈의 실재적 가치를 느끼게 하는 것이다. 통장 이름을 지을 때에도 '5년 후의 ○○를 위한 통장' '3년 동안 소중하게 키워갈 ○○의 통장'처럼 '미래를 대비한다는 뜻'으로 아이의 이름을 붙이면 아이도 훨씬 뜻깊게 받아들인다.

경제활동의 지뢰를 피하는 법

아이들이 올바르게 살아갈 수 있게 가르치는 것도 교육이지만 나쁜 것을 피해갈 수 있게 알려주는 것도 교육이다. 그런 점에서 부모는 아이가 어른이 되어 경제활동을 할 때 꼭 피해야 할 위험을 미리 교육해야 한다. 그 세 가지가 ▶투기 ▶과대 광고 ▶신용불량이다. 이 세 가지는 정상적인 경제활동을 하더라도 자칫하면 빠질 수 있는 '늘 도사리고 있는 위험'이다. 신용카드를 쓰고 대출을 받아야 신용등급이 올라가지만, 신용을 지키지 못하면 신용불량자가 된다. 올바른 선택을 하기 위해서는 광고를 보지 않을 수 없지만, 광고를 전적으로 믿으면 과소비에 빠질 수 있다. 투기도 마찬가지다. 돈을 벌기 위해서는 반드시 투자를 해야 하지만 자칫 투기가 되어버리면 아껴두었던 돈까지 날리고 만다. 아이가 이 세 가지 경제활동의 지뢰를 피해갈 수 있는 교육 방법을 알아보자.

투자할 대상, 닭인가 오리인가

세계적인 금융회사 JP모건의 창업주는 존 피어폰트 모건(John Pierpont Morgan)이다. 유대인인 그는 역사상 가장 위대한 금융인이라고 해도 틀린 말이 아닐 것이다. 그의 아버지는 어렸을 때부터 딱 두 가지를 매우 강조했는데, 그중의 하나는 '투기적 거래는 반드시 피해야 한다'는 점이었다. 이는 경제활동을 하는 데 투기가 그만큼 위험하다는 의미였다.

'투자'와 '투기'의 개념을 혼동하는 사람들이 의외로 많다. 내 돈을 이용해서 미래의 수익을 기대한다는 점에서 크게 차이가 없어 보이지만 둘 사이에는 매우 중요한 차별점이 하나 있다. 투기는 '운'에 맡기는 것이고 투자는 '자신의 생각'에 맡긴다는 점이다. 여기에서 자신의 생각이란 사전에 철저하게 분석해서 어느 정도의 수익을 얻을 수 있는지 계산하여 거래하는 방식을 말한다. 조금 쉽게 설명하자면, 투기란 '남들이 하니까 나도 아무 생각 없이 따라서 하는 것' '수익을 얻을 수 있을지 없을지 제대로 생각해보지도 않고 하는 것'이다.

올바른 투자에 대해서 《탈무드》는 이런 이야기를 들려준다.

한 남자가 돈을 잘 버는 한 유대인을 찾아가 이렇게 물었다.

"제대로 된 투자의 요령이란 도대체 무엇입니까?"

유대인은 이렇게 대답했다.

"글쎄…. 예를 들어 계란 값이 올라 누군가 양계장을 시작했다고 치세. 그런데 큰 비가 계속되어 홍수가 져서 닭이 전부 물에 빠져 죽고 말았네. 투자를 잘하는 사람은 처음부터 그런 것들을 예상하고 닭 대신 오리를 사육한다네."

닭은 물 위에 떠 있을 수도 없고 헤엄을 치지도 못한다. 하지만 오리는 물 위에 떠서 얼마든지 헤엄을 칠 수 있다. 닭과 오리의 특성을 분석하고, 그 분석 결과에 따라 투자 대상을 선택하면 피해의 가능성을 줄여 훨씬 이득을 볼 것이라는 판단이 바로 투자의 요령이라는 것이다. 어려서부터 투자인지 투기인지 구분해서 설명해주면 아이는 두 개념 사이에 '분석과 이유가 있는 나의 생각과 확신'이라는 차이점이 존재한다는 것을 받아들이며, 소비를 할 때에도 스스로 생각하는 습관을 기르게 된다.

신용에 관한 교육도 매우 중요하다. 현대 사회에서 신용이란 '삶의 격'을 좌지우지하는 매우 중요한 개념이다. 신용카드가 아무리 폐해가 많다고 해도 금융자본주의 사회에서 신용카드를 쓰지 않기란 어렵고, 결혼을 하거나 집을 구하기 위해서는 대출도 받아야 한다. 만약 신용이 불량하다면 안정적인 생활을 할 기반이 마련되지 않는다. 유대인의 경제 교육에서 제일 중요한 것 중의 하나가 신용이다. 유대인들은 어렸을 때부터 아이들에게 '신용은 하나님과의 약속이다'라고 교육한다. 신용은 절대적으로 지켜야 한다는 점을 강조하는 것이다.

비판적 사고가 건강한 소비 습관을 만든다

《탈무드》에 이런 이야기가 있다.

한 유대인이 큰 문제를 일으켜 사형을 선고받았다. 하지만 어머니가 위독하다는 소식에 고향을 다녀와야 했다. 어떻게 할까 고민하던 사형수는 할 수 없이 친구에게 보증을 부탁했다. 하지만 그 보증이란 무시무시한 일이었다. 만약 사형 선고를 받은 유대인이 제 시간에 돌아오지 않으면 친구가 대신 사형대에 올라야 한다는 것이었다. 둘은 매우 신의가 깊은 사이여서 친구는 사형수의 부탁을 들어주었다. 며칠이 지나 사형수가 돌아와야 할 시간. 하지만 어쩐 일인지 사형수는 나타나지 않았다. 사형수의 말을 절대적으로 믿었던 친구는 모든 것을 포기하고 사형대에 올라섰다. 그런데 친구가 죽음의 문턱에 다가간 그 순간, 저 멀리서 사형수가 다급하게 뛰어왔다. 죽음 앞에서도 굳건했던 두 사람의 우정에 감동받은 왕은 사형을 중지시키고 사형수를 사면했다.

흔히 유대인을 '약속과 계약의 민족'이라고 부른다. 그만큼 철저하게 신용을 지킨다는 의미다. 단순히 도덕적 차원에서의 신용을 가리키는 게 아니다. 유대인은 철저하게 서로 신용을 지키면서 단결하여 남들은 알 수 없는 정보를 주고받고, 더불어 막대한 투자를 통해 세력을 키워왔다. 그들에게 신용은 사회생활을 하는 '제1의 원칙'이라고 할 수 있다.

아이들이 약속과 신용에 관한 태도를 어려서부터 기를 수 있다면 돈보다 더 큰 영향력을 가지는 것이다. 은행이나 카드사와의 거래에서 뿐 아니라, 사람 사이의 신용을 철저하게 지켜나간다면 아이는 최악의 상황에서도 주변의 도움을 받으며 어려움을 극복할 수 있다. 신용은 곧 사람을 얻는 일이기도 하기 때문이다.

신용 교육은 집에서부터 시작해야 한다. 부모와 약속을 하고 그것을 반드시 지키도록 유도해야 한다. 서로가 약속을 지키지 않았을 때 생기는 불신이 사람과 사람 사이의 관계를 갈라놓을 수 있음을 알려주어야 한다. '믿을 수 없는 사람'이라는 평가가 얼마나 큰 불이익인지 가슴에 새길 수 있어야 한다.

광고에 경계심을 갖도록 교육하는 것도 무척 중요하다. 아이들은 '비판적 견해'나 '합리적 의심'을 하기 힘든 나이이다 보니 각종 광고를 그대로 믿고, 광고가 보여주는 이미지를 비판없이 받아들이기 쉽다. 어른이라면 50평대 아파트 광고를 보더라도 그 아파트가 나의 경제 형편에 맞는지, 주변 편의시설이나 생활 기반 서비스가 적당한지 등 여러 가지 조건을 따져보지만, 아이들은 '집도 넓고 정말 좋다'라면서 그런 집에 살고 싶다고 생각하는 경우가 많다. 특히 최근에는 유튜브가 폭발적인 인기를 얻으면서 이 플랫폼에 노출되는 광고만 해도 상당하다. 영화관에서도 광고를 피할 수 없다. 2019년에 한 언론사에서 영화 〈겨울왕국2〉가 상영되는 영화관의 광고 횟수를 조사해보았는데, 영화가 시작되기 10분 전에 무려 49개의 광고가 상영되었다고 한다. 아이들이 10분 동안 무차별적인 광고에 노출되었다는 뜻이다.

비판적 사고는 교육을 통해 길러진다. 광고를 무분별하게 받아들이지 않도록 광고에 대해 이야기를 나누고, 다른 관점을 가질 수 있도록 다양한 정보를 제공하는 게 좋다. 키 크는 약을 사달라는 아이에게는 약물에 의존하기보다는 편식하지 않고 잘 먹고 적당히 운동하고 잘 자면 키가 클 수 있다고 의학적인 사실을 전해준다거나 인스턴트 음식이나 탄산음료 광고에 지나치게 현혹되는 것 같으면 이런 음식에 대한 각종 정보를 공유하거나 관련 책을 함께 읽어보는 것도 좋은 방법이다.

어른들도 홈쇼핑 광고를 보면서 충동적으로 물건을 구매하고는 후회하곤 한다. 충동구매에 익숙해지거나 감각적인 광고와 판매 방식에 현혹되지 않는 교육을 어렸을 때부터 시켜야 성인이 되었을 때 현명하고 건강한 소비 습관을 가질 수 있다는 것을 기억해야 한다.

○ 아이가 광고에 현혹되어 물건을 사달라고 하는 경우가 있다. 광고에 대해 함께 토론할 수 있는 매우 좋은 기회다. 설령 아이가 광고를 본 뒤 합리적으로 판단하고 소비하려고 한다 해도, 다시 한번 그 물건이 정말 필요한지, 가격은 적당한지 등에 대해 대화한 뒤, 최종 결정을 내리도록 해야 한다.

○ 아이에게 신용카드는 '요술 방망이'처럼 보일 것이다. 그래서일까? 부모가 돈 때문에 고민하고 있으면 "엄마, 카드 긁으면 되잖아!"라고 말하는 아이도 있다. 그럴 때마다 신용카드는 '반드시 갚아야 하는 돈' '카드사로부터 빌린 돈'이라는 개념을 가르치고, 신중하게 써야 한다고 알려주어야 한다.

돈을 버는 특정한 원리와 법칙

지금은 품 안에 있는 자식이지만 언젠가는 이 아이도 부모의 품을 떠나 세상으로 나가 경제 활동을 해야 한다. 돈을 버는 일이 힘들다는 사실은 누구나 알고 있지만, 그렇다고 특정한 원리와 법칙이 없는 것은 아니다. 이 법칙과 원리를 알면 누구나 쉽게 돈을 벌 수 있다. 부모들은 돈을 벌기 위한 중요한 덕목으로 '열심히, 성실히'를 강조한다. 물론 이런 덕목이 기본적으로 깔려 있어야 하지만, 그것은 일을 대하는 태도일 뿐이지 돈을 버는 근본 원리라고 볼 수는 없다. 평생을 '열심히, 성실히' 살아온 사람도 가난을 면치 못하는 경우가 많기 때문이다. 돈을 버는 특정한 원리와 법칙은 바로 '상대방을 이해하는 능력'이다.

세계적인 금융가가 강조한 것

세계적인 금융가 가운데 유대계 가문 로스차일드가(Rothschild family)의 마이어 로스차일드(Mayer Amschel Rothschild)를 빼놓을 수 없다. 그는 어릴 때 랍비가 되고 싶어 신학교에 들어갔다. 하지만 부모님이 일찍 세상을 떠난 탓에 학업을 중단할 수밖에 없었다. 하지만 그때까지 배웠던 《탈무드》 교육은 그가 금융인으로 성장하는 데 지식과 지혜의 근간이 되었다. 그래서 마이어는 자신의 아이들에게 《탈무드》에 바탕을 둔 유대인 정신과 장사 방법을 알려주었다. 그는 늘 "유대인이 돈을 벌 수 있는 두 가지가 방법이 있다. 하나는 5000년의 역사이고, 또 다른 하나는 머리다"라고 강조했다. 유대인의 축적된 지혜를 통해 발상의 전환을 꾀해야만 돈을 벌 수 있다는 뜻이다.

그는 특히 아이들에게 '상대방을 즐겁게 하는 능력'이 매우 중요하다고 강조했다. 아첨을 하거나 상대방의 눈치를 보면서 적당히 기분을 맞추라는 뜻이 아니다. '상대방을 즐겁게 하는 능력'이란 '고객을 만족시키는 능력'이다. 따지고 보면 세상의 모든 사업은 고객 만족이 본질이다. 돈을 내는 사람은 소비자이고, 소비자가 돈을 지불할 수 있게 만들어야 기업은 성장할 수 있다.

우리가 자주 듣는 '고객 만족'이라는 말도 사실은 유대인에게서 시작되었다. 과거 중세 시대에는 '길드(Guild)'라는 제도가 있었는데,

도시에 자리 잡은 상인이나 장인들이 만든 조합이다. 그런데 이들은 매우 배타적이었다. 다른 상인들의 진입을 방해하기도 하고, 조합에 가입하지 않으면 특권을 행사하기도 했다. 하지만 전 세계를 떠돌아다니는 방랑자 신세였던 유대인이 이런 길드에 소속되기는 어려웠다. 결국 유대인은 길드에 속하지 않으면서도 길드를 이길 수 있는 묘안을 짜내야 했다. 그래서 '더 좋은 물건을 더 싼값에 공급하자'고 생각했다. 마이어가 말했던 '상대방을 즐겁게 하는 능력'도 이러한 '고객 만족' 방식을 가리키는 것이다.

'어음'도 유대인이 광범위하게 사용했다. 당시 다른 상인들은 현금으로만 거래하기를 원했지만, 유대인은 과감하게 현금 없이도 거래할 수 있는 어음을 활용했다. 그러자 거래는 더욱 활성화됐다. 따지고 보면 어음도 '상대방을 즐겁게 하는 능력'이다. 지금 당장은 돈이 없지만 거래하고 싶은 고객에게 거래 기회를 주기 때문이다.

누군가를 먼저 배려하거나 상대방을 이해하기란 매우 어렵다. 수많은 사람을 만나 그들과 화합하고 갈등하며 사회생활을 해나가는 어른들도 그러한데, 아이들이야 오죽하겠는가. 그러니 아이에게는 상대방의 마음을 헤아리고 이해해보려고 노력하는 태도를 가르쳐야 한다.

'정서적' 공감 능력에서 '경제적' 공감 능력으로

우리는 이것을 대개 '공감 능력'이라고 표현한다. 미국 스탠퍼드 대학교의 연구에 따르면, 공감 능력을 포함한 정서적 지능의 발전이 성공을 결정하는 매우 중요한 요인이라고 한다. 상대를 이해하고 상대와 친해지면서 밀접한 관계를 형성하여 매우 긍정적인 방향으로 삶에 반영되기 때문이다.

문제는 공감 능력을 키워주는 교육 과정이 없다는 점이다. 수학처럼 문제를 풀어 가르칠 수도 없고, 영어 단어를 외우는 방식으로 교육할 수도 없다. 오로지 서로가 서로를 공감해주고 이해해주는 경험을 많이 쌓아야 기를 수 있다. 부모가 아이의 감정과 상황에 진심으로 공감하고 그들을 마음 깊이 이해해야 아이도 상대방에게 공감하는 사람으로 성장한다. 공감을 받아본 아이가 공감을 할 수 있는 것이다. 따라서 아이의 말과 감정을 어른의 잣대로 평가한다든가 일방적으로 무시하거나 단정 지어서는 안 된다.

아이와 의견 대립이 있을 때도 마찬가지다. "네가 아빠라면 방금 네가 한 말을 어떻게 생각할 것 같아?"라거나 "네가 엄마 입장이라면 아이에게 그런 것을 사주어도 된다고 생각해?"라고 되물어 보는 것이다. 이렇게 역지사지로 생각해볼 수 있는 상황을 만들어주면 아이는 자기중심적인 관점에서 벗어나 잠시라도 상대의 입장에서 생각해보게 된다.

이런 기본적인 공감 능력을 '경제적 공감 능력'으로 확장하는 일도 매우 중요하다. 경제적 공감 능력이란 경제 활동에서 상대방(소비자)을 이해하는 능력이다. 장난감 하나를 만들더라도 만든 사람의 입장에서, 또는 내가 아닌 다른 아이의 입장에서 생각해볼 수 있어야 한다. "네가 장난감을 만드는 사람이라면 그 장난감은 어떨 것 같아? 더 재미있고 흥미롭게 만들 수 있는 방법은 없을까?" "네가 만약 그 장난감을 만드는 사람이라면 어떻게 더 발전시킬 수 있을까?"라고 질문하는 것이다. 함께 외식을 할 때도 "이렇게 음식을 맛있게 만들려면 어떤 노력을 해야 할까?" "이 식당 사장님은 고객이 음식을 먹고 어떤 반응을 보일 때 가장 즐거울까?"라고 물어보면 아이는 자신만의 관점이 아닌 개발자와 생산자의 입장에 조금은 다가설 수 있다.

4차산업혁명이 아무리 발전한다 해도 인공지능이 따라올 수 없는 것이 공감 능력이라고 말하는 전문가들이 많다. 사람의 마음을 깊이 이해하는 것, 그래서 사람이 느끼는 불편과 부족함을 해결해주는 경제적 공감 능력이야말로 아이들의 경제적 성공을 보장하는 매우 중요한 능력이다.

부모와 함께 실전 경제 교육

○ 공감 능력이란 건강한 상호작용을 통해 생겨난다. 스마트폰과 컴퓨터게임에 푹 빠져 있는 아이는 이런 상호작용이 원활하지 않다. 따라서 '얼굴을 맞대고 소통하는 시간'을 최대한 많이 가져야 한다. 디지털 기기에서는 느낄 수 없는 감정, 표정, 대화만이 공감 능력을 높인다.

○ 아이가 게임을 하거나 스마트폰을 보는 시간은 엄격하게 제한하는 것이 좋다. 예외를 두지 말아야 아이도 그 규칙을 받아들인다. 게임과 디지털 세상에서 벗어나는 시간에는 아이가 흥미를 느낄 만한 취미를 찾아주거나 함께 시간을 보내면서 가족 간의 유대를 쌓을 수 있도록 최선을 다해야 한다.

협상과 네트워크로 승부하는 유대인

우리는 살면서 끊임없이 협상을 한다. 서로 생각이 다르고 원하는 것에서 차이가 있기 때문에 대화를 통해 얻을 것은 얻어내고 양보할 것은 양보해야 한다. 심지어 가족 간에도 협상을 한다. 특히 아이들은 점점 커가면서 부모와 협상을 하려고 한다. 그럴 때 당황하는 부모도 있지만, 가만히 보면 성인들의 경제 생활도 많은 부분 협상의 과정이다. 입사를 위해 면접을 볼 때에도 '왜 내가 이 회사에 입사해야 하는가?'를 설득함으로써 협상력을 높여야 한다. 입사 후에는 연봉 협상을 해야 하고, 팀원들과 끊임없이 협상하면서 생산성을 높여야 한다. 창업을 한다면 '협상의 바다'에 뛰어드는 것과 마찬가지다. 그러니 어렸을 때부터 유대인의 협상의 기술을 배운다면 훨씬 더 알차게 자신의 삶을 꾸려나갈 수 있을 것이다.

'논리'를 배우는 협상 교육

유대인은 어렸을 때부터 아이에게 협상 교육을 시킨다. 용돈을 정할 때도 언제, 얼마를, 어떤 주기로 주어야 하는지 협상한다. 만약 아이가 부모를 설득하지 않으면 절대 용돈을 올려주지 않고, 정해진 이상의 용돈도 주지 않는다. 용돈을 부모가 일방적으로 정하거나 "네 친구는 얼마나 받니?"라고 물어보는 우리나라 부모와는 사뭇 다른 태도다.

유대인이 협상에서 가장 중요하게 생각하는 것이 바로 '정보와 논리'다. 얼마나 많은 정보를 확보하고 그에 맞는 정확한 논리를 구사하느냐가 협상의 생명이다. 따라서 '첫째도 논리, 둘째도 논리'다. 특히 과거의 유대인은 중개인 입장에서 사업을 많이 해왔기 때문에 양쪽 모두에게 합리적이고 치우치지 않는 중개 역할을 하기 위해 정보의 중요성을 강조할 수밖에 없었다.

또한 유대인은 협상을 할 때 감정을 철저하게 배제한다. 감정은 경제활동에 도움이 안 되며, 서로를 불편한 상황에 처하게 만들고, 아무런 이익도 없는 결말을 만든다고 생각하는 것이다. 가족 간에, 또는 친구 간에 협상이 진전되지 않고 결국 감정싸움으로 끝나는 것은 양 당사자 모두 협상에 능하지 못하기 때문에 생기는 일이다. 흔히 유대인의 협상을 '냉혹한 협상'이라 부르기도 한다. 그들이 얼마나 감정을 잘 억제하는지 보여주는 말이다.

유대인이 협상을 할 때 유머감각을 잃지 않는다는 점도 기억해야 한다. 그들은 유머로 부드러운 분위기를 만드는 데 탁월한 능력을 보인다. 협상은 냉혹하게, 하지만 분위기만큼은 부드럽게 만든다. 익히 알고 있듯이, 유대인은 매우 고통스러운 역사를 살아왔다. 수많은 박해를 견디며 살아남았고, 그 끈질긴 생명력으로 주류 세계에 진입했다. 이런 환경에서 정신적으로 지치지 않고 삶을 유지하기 위해서는 '유머'가 필수적이었다. 절망적이고 힘든 상황을 이겨내기 위해서는 자신의 처지를 인정하고, 긍정하고, 서로를 다독이며 웃어야 했다. 그런 민족적 특성을 갖고 살아오다 보니 협상이라는 매우 치열한 상황에서도 유머감각을 특별한 기술로 발전시킨 것이다.

유대인은 협상을 통해 자신이 원하는 것을 끌어내기도 하지만, 그렇다고 모든 면에서 협상만 앞세우지는 않는다. 유대 격언 중에 이런 말이 있다.

"성공은 당신이 얼마나 알고 있는가가 아니라 누구를 알고 있는가에 달려 있다."

그만큼 지식보다 인적 네트워크를 중요하게 여겼다. 실제로 유대인은 자신의 성공을 이끌어 줄 수 있는 사람을 찾아내는 데 익숙하고, 그와 매우 친밀하게 지내려고 많은 노력을 기울인다. 힘든 상황에서는 서로가 서로를 이끌고 지지하는 친화력이 역경을 극복하는

데 큰 도움이 되고, 사회생활에 매우 중요한 요소가 되기 때문이다. 누군가와 친하다는 것은 그만큼 상대방을 잘 안다는 의미이며, 따라서 불필요한 검증에 많은 시간을 쓸 필요가 없다는 뜻이다. 그 사람은 '믿을 만하다'는 의미이기에 성공의 필수조건이 될 수밖에 없다.

아이의 인생에서 협상이란 '승리의 경험'이기도 하다. 친구와의 협상에서 늘 지는 아이가 자존감을 유지할 수 있을까? '어떻게 해도 내 말은 안 먹히는구나'라고 생각하기 시작하면 협상력은 둘째치고 자신감마저 떨어진다. 따라서 협상의 핵심인 '왜(Why)'라는 물음을 끝없이 던지면서 설득력을 길러주고, 이를 통해 논리력을 다듬을 수 있도록 해야 한다. '왜'라는 단어에 익숙한 아이는 자신의 행동과 말에서 근거를 찾아내려 노력하고, 그러다 보면 객관적인 사고를 할 수 있는 기반을 다질 수 있다.

○ 용돈 협상부터 시작해보자. 부모와 아이 사이의 협상은 서로 이익을 얻기 위한 협상이 아니기 때문에, 아이가 얼마나 자신의 상황을 합리적으로 설명하고 그에 맞는 액수를 제시하는지에 초점을 맞추어 들어주면 된다.

○ 부모가 주변 사람과 화합하면서 관계 형성을 잘하면 아이도 그 모습을 닮는다. 아이 앞에서 누군가를 욕하고 탓하지 말아야 한다. 다른 사람과 문제가 생기거나 갈등이 발생하면 서로 대화를 통해 해결해야지 뒤에서 험담을 하고 비난하는 것은 문제 해결에 도움이 되지 않을뿐더러, 아이에게도 매우 나쁜 영향을 미친다. 뒷담화를 자주 하는 부모를 보고 자란 아이는 누군가를 비난하고 험담하는 태도에 대해 별다른 문제의식을 갖지 않는다.

★ ★ ★ ★ ★ ★

HAVRUTA

5장

《탈무드》로 배우는 부자 마인드

누군가 천재적인 과학자 알버트 아인슈타인(Albert Einstein)에게 물었다.

"다음 생에 다시 태어나면 무엇을 하고 싶습니까?"

아인슈타인이 대답했다.

"《탈무드》를 연구해보고 싶습니다."

《탈무드》는 인류 경험의 축적이자, 그 경험으로부터 뽑아낸 지혜의 정수이다. 오랜 고난과 고통 속에서도 유대인이 자신의 정체성을 지킬 수 있었던 지지대였다. 따라서 《탈무드》를 읽으며 아이와 함께 대화하고 토론하는 것은 유대인의 지혜의 정수를 흡수하는 것이나 마찬가지다.

경제 교육은 부모가 시키는 것이기도 하지만, 경험하고 깨달은 것을 아이 스스로 자신의 것으로 만들어야 교육 효과가 높다. 즉 아이가 흥미를 갖도록 유도해야 한다.

《탈무드》 속에는 아이의 호기심을 자극할 만한 흥미로운 이야기가 가득하다. 아이와 함께 읽으면서 질문하고 토론하다 보면 자연스럽게 기초적인 경제 흐름을 이해하고 핵심적인 경제 개념을 배울 수 있을 것이다.

부자는 대비하고 준비한다

미래를 위한 오늘의 준비

아이들은 무언가를 '준비한다'는 개념에 아직 익숙하지 않다. 부모가 많은 것을 해결해주기 때문에 필요성을 느끼지 못하는 것이다. 더구나 아직은 경제활동을 하지 않는 나이이기 때문에 '위기를 대비해서 저축해야 한다'라는 생각도 하지 못한다. 그러나 미래를 위해 무엇인가를 준비하는 일은 매우 중요하고, 위기에 대비하는 자세 또한 반드시 갖추어야 한다. 부자가 되어 경제적 위기 없이 살아가는 일은 끊임없이 미래를 준비하는 사람에게 주어지는 축복이다.

아이에게 들려주는 이야기

옛날에 착한 마음씨를 가진 부자가 살았어. 그는 자신의 노예를 기쁘게 해주려고 많은 재산을 배에 실어주면서 어디든지 좋은 곳을 찾아가 부디 행복하게 살라고 했지.
마침내 노예의 배가 넓은 바다로 나아갔는데, 그만 심한 폭풍우를 만나 침몰했지 뭐야. 배에 가득 실었던 물건을 다 잃어버린 노예는 몸뚱이 하나만 살아남아 가까스로 주변 섬에 도착했어. 하지만 살았다는 기쁨도 잠시, 모든 것을 잃은 노예는 깊은 슬픔에 빠졌단다. 하지만 슬픔에만 빠져 있을 수는 없잖아. 주변을 헤매며 살아갈 방도를 찾던 노예는 때마침 큰 마을을 발견했어. 노예는 그때까지 옷도 걸치지 않은 알몸이었는데, 어쩐 일인지 그를 본 마을 사람들이 환호성을 지르면서 그를 맞이하지 뭐야! 그러더니 "임금님, 만세!"라며 그를 떠받드는 거야.
노예는 어리둥절한 상태로 사람들이 하는 대로 따를 수밖에 없었어. 그러다 얼떨결에 왕좌에 앉았고 호화스러운 궁전에서 살게 되었지. 그런데 노예가 아무리 생각해봐도 이 상황이 너무 이상한 거야. 지금 꿈을 꾸고 있나 하는 생각이 들 정도였지. 고민에 빠진 노예는 한 사람에게 물어봤어.
"도대체 어찌 된 일인지 말해주게나. 나는 돈 한 푼 없이 알몸으로 이곳에 도착했는데 갑자기 왕이 되다니, 이게 도무지 무슨 일인지 모르겠네."
그러자 그 사람이 이렇게 대답했어.
"우리는 살아 있는 인간이 아니라 영혼들입니다. 사람처럼 보일 뿐이지요. 그래서 우리는 1년에 한 번씩 살아 있는 인간이 이 섬으로 찾아와 우리의 왕이 되어주기를 바라고 있습니다. 그러니 조심하십시오. 임금님께서는 1년이 지나면 이 섬에서 쫓겨나 먹을 것조차 없는 섬에 버려질 것입니다."

왕이 된 노예는 그에게 고맙다고 인사를 한 뒤 생각에 잠겼어.

'그렇다면 지금이라도 1년 뒤를 대비해야겠군. 아무런 준비도 없이 쫓겨났다가 어떤 일이 생길지 모르잖아."

임금이 된 노예는 궁전 근처에 사막과 같은 죽음의 섬 한 곳을 찾아내 꽃과 과일나무를 심었어. 1년 뒤를 준비하기 시작한 거야. 1년이 지나자 노예는 정말 그 섬에서 쫓겨나고 말았어. 1년 내내 사치스러운 생활을 하던 왕이었지만, 섬에 처음 도착했을 때와 똑같이 알몸뚱이의 신세가 되어 죽음의 섬으로 떠날 수밖에 없었지. 하지만 노예는 걱정하지 않았어. 노예가 사막처럼 황폐했던 섬에 도착했을 때, 그 섬은 갖가지 꽃이 피어나고 풍성한 과일이 열리는 살기 좋은 땅이 되어 있었거든. 노예는 다시 비참한 생활에 빠지지 않고 행복하게 살았단다.

영화 〈쇼생크 탈출(The Shawshank Redemption)〉에는 평생을 교도소에서 산 할아버지가 등장한다. 그에게 교도소는 안락한 집과 크게 다르지 않았다. 능력을 인정받고 다른 죄수들하고도 잘 지냈다. 그는 열악한 교도소 도서관의 책임자였는데, 매일 책이 든 수레를 끌고 죄수들에게 책을 전달하고 수거하는 일을 했다. 가끔 영화를 틀어 주기도 했다. 그의 표정은 무척 행복해 보였다. 그런데 모범수로 출소할 날이 다가오자, 그는 동료 죄수 한 명을 해치려는 극단적인 행동을 한다. 교도소 밖의 세상이 두려워 차라리 죄를 짓고 교도소에 더 머물고 싶었기 때문이다. 하지만 그는 자신의 바람과는 달리 출소를 했고, 세상에 적응하지 못한 채 자살까지 결심한다. 그러던 중 다행히 교도소에서 친하게 지내던 탈옥수를 통해 새로운 삶의 희망을 갖는다.

《탈무드》에 등장하는 노예와 〈쇼생크 탈출〉에 등장하는 죄수는 정반대의 길을 걸었다. 노예는 미래를 준비한 끝에 행복한 삶을 누렸지만, 죄수는 감옥에서 나와 자유의 몸이 되었지만 절망 속에서 살아야 했다. 이 이야기 속 인물들은 언제든 세상의 위기에 내던져질 수 있는 우리의 모습을 상징적으로 보여준다.

미래를 준비하는 일은 쉽지 않다. 오늘 아무리 수고를 하며 대비를 해도 당장 눈에 보이는 것으로 돌아오지 않기 때문이다. 그러나 미래를 준비하는 일이야말로 보다 나은 삶을 위한 필수조건이다.

세계적인 대부호 워런 버핏(Warren Buffett)은 어려서부터 '미래를 준비하는' 고단한 선택을 했다. 스스로 번 돈을 마음껏 쓰고 싶기도 했을 테고, 그 돈으로 하고 싶은 것도 많았을 테지만, 그는 꾸준하게 주식을 사며 미래를 준비했다. 이렇게 꾸준히 미래를 준비하고 실행에 옮긴 결과, 그는 세계 최고의 부자로 우뚝 설 수 있었다.

미래를 위한 오늘의 준비. 이것이야말로 아이들이 반드시 알아야 할 경제 교육의 핵심 주제다.

생각이 점화되는 부싯돌 질문

만약에 돈이 하나도 없는 어려운 상황에 닥치면 어떤 생각부터 들까?

부싯돌 교육 물론 당장 힘들고 괴로울 거야. 하지만 그럴 때 절대 잊지 않아야 할 것은 '미리 준비하는 자세'야. 만약 어려운 일이 닥치기 전에 미리 준비했다면 최악의 상황도 극복할 수 있었겠지?

어려울 때나 힘들 때를 대비해서 뭔가 준비한 적이 있니? 만약 없다면 앞으로 어떤 어려움이 닥칠 수 있을지 함께 생각해볼까? 그리고 그 상황을 이겨내기 위해서 어떤 노력을 해야 할까?

부싯돌 교육 누구에게든 생각지 못한 어려움이 닥칠 수 있어. 친구 관계, 학업 문제, 가정 문제, 건강 문제 등 뜻밖의 일이 닥치지. 그럴 때 그 상황을 인정하고 마주보려고 노력하는 게 중요해. 문제를 회피해서는 절대 문제를 해결할 수 없거든. 미래를 준비하는 일도 살아가는 데 늘 좋은 일만 있을 수 없다는 걸 인정할 때 비로소 필요성을 깨닫게 된단다.

미래에 대한 예측력을 길러라

미래를 준비하려면 미래에 대한 예측력이 있어야 한다. 그런 능력이 있어야 앞으로 어떤 일이 벌어지고, 어떤 대응을 할지 시나리오를 그릴 수 있다. 예측력은 경제 교육의 측면에서도 중요하지만, 아이가 자신의 삶을 하루하루 살아갈 때도 중요하다. 아직 생기지 않은 일, 하지만 닥쳐올 일에 대해 자주 생각하다 보면 상상력과 창의력으로 확장될 수 있다.

아이에게 들려주는 이야기

어느 날 왕이 신하들을 만찬회에 초대했어. 그런데 언제 만찬회가 열리는지 정확한 시간을 말하지 않았지. 현명한 신하는 '왕이 직접 하신 말씀이니 언제라도 만찬회는 열릴 거야. 그러니 만찬회에 참석할 준비를 일찌감치 해두자'라고 생각했어. 그러고는 언제든 달려갈 수 있도록 왕궁의 정문 앞에서 기다리고 있었지.

그런데 어리석은 신하는 '만찬회를 준비하기까지는 시간이 꽤 걸릴 거야. 그러니 아직 여유가 있어'라고 생각하며 아무런 준비도 하지 않았어.
만찬회가 열렸을 때 현명한 신하는 곧바로 만찬회장에 입장할 수 있었지만, 어리석은 신하는 너무 지체하는 바람에 만찬회에 참석할 수 없었단다.

철저하게 미리미리 준비하는 아이가 있는 반면, 뭐든지 코앞에 닥쳐야 시작하는 아이도 있다. 물론 아이 때 느긋한 성격이라고 해서 어른이 되어서도 그럴 것이라고 단정할 수는 없다. 하지만 최소한 '준비'가 어떤 의미인지, 그것이 왜 유용한지 충분히 알려주어야 한다.

때로 준비에 미숙한 아이들은 '왜 준비를 해야 하는지' 이유를 모르는 경우가 많다. 이유를 모르니 필요도 느끼지 못한다. 그런데 준비의 핵심은 '예측하는 능력'이다. 앞으로 어떤 일이 벌어질지 예측하지 못하니 준비도 하지 못하는 것이다.

예측과 예상 능력은 아이가 성인이 되어서도 큰 힘을 발휘한다. 만약 사업가가 미래를 예측할 수 있는 능력이 없다면? 만약 직장인이 회사에서 자신이 어떻게 해야 승진할 수 있는지 예상하지 못한다면? 결과는 불 보듯 뻔하다.

생각이 점화되는 부싯돌 질문

원하는 것을 하기 위해서는 제대로 된 준비가 필요해. 학교에 갈 때도 등교 전날에 준비를 하잖아. 앞으로 커서 돈을 벌 때도 그에 합당한 준비가 되어 있어야 해. 그런데 준비를 하면 어떤 점이 좋은지 알고 있어?

부싯돌 교육 미리 준비해놓지 않으면 마음이 불편하고 막상 닥쳐서 하려면 마음이 급해져서 준비를 제대로 하지 못할 수도 있어. 그것 말고도 준비를 하면 또 하나 아주 좋은 게 있어. '무언가를 예측하는 능력'을 키울 수 있다는 거지. 어떤 일이 생길지 충분히 예측하는 시간을 갖다 보면 더 철저하게 준비할 수 있거든. '어떤 일이 생길 수 있을까?'를 자주 생각하다 보면 주어진 상황에 잘 대처할 수 있어.

부자는 신용과 약속을 최고의 가치로 여긴다

흥정과 계약은 믿음이자 약속

물건을 구매할 때에도 '절차'가 있다. 마트에서 물건을 살 때는 딱히 그렇지 않지만, 땅을 구매하거나 큰 단위의 물건을 구매할 때는 절차를 따라야 할 때가 있다. 이런 절차를 무시하면 다른 사람에게 피해를 입힐 수도 있고, 나 자신이 피해를 입을 수도 있다. 그런 점에서 '구매할 때에도 절차가 있다'는 점을 아이에게 알려줘야 한다.

다음 이야기는 절차뿐 아니라 '흥정'에 관한 이야기다. 요즘 아이들이야 흥정의 개념을 잘 모르겠지만, 나중에 사업을 하거나 큰 거래를 할 때에는 흥정의 기술도 반드시 필요하다.

아이에게 들려주는 이야기

누구나 탐낼 정도로 매우 기름진 땅이 있었어. 두 사람의 랍비가 서로 그 땅을 사려고 했는데 한 랍비가 먼저 그 땅 주인과 흥정을 하면서 값을 정했지. 며칠 뒤 그 랍비는 땅을 사려고 땅 주인을 찾아왔어. 그런데 다른 랍비가 이미 그 땅을 사버렸다는 거야. 흥정을 해서 값을 정했던 랍비는 무척 화가 났어. 그래서 땅을 산 랍비를 찾아가 따졌지.

"만약 어떤 사람이 과자를 사려고 제과점에 갔는데 다른 사람이 먼저 그 과자를 살펴보고 있었소. 그런데 뒤이어 온 사람이 그 과자를 사버렸다면 그게 과연 올바른 행동이겠소?"

땅을 산 랍비가 대답했어.

"그건 올바른 행동이 아니지요. 과자를 산 그 사람은 아주 나쁜 사람입니다."

땅을 빼앗긴 랍비가 되물었어.

"당신이 이번에 산 땅은 내가 먼저 흥정하여 값을 정해 놓은 땅이었소. 과연 당신은 올바른 일을 했다고 할 수 있겠소?"

"으음, 이건 생각해볼 문제군요."

두 랍비는 다른 사람들을 불러 이 문제를 의논했는데 그중 한 사람이 해결책을 내놓았어.

"땅을 산 랍비가 땅을 흥정한 랍비에게 땅을 도로 팔면 되지 않을까요?"

그러자 땅을 산 랍비가 거절했어.

"땅을 사자마자 바로 판다는 것은 운을 내쫓는 일이니 그렇게 할 수 없습니다."

다른 사람이 다시 해결책을 내놓았어.

"땅을 산 사람이 땅을 흥정한 사람에게 그 땅을 선물로 주는 것은 어떻습니까?"

이번에는 땅을 흥정한 랍비가 거절했어.

"잘 알지도 못하는 사람에게 아무런 대가도 지불하지 않고 땅을 선물로 받는 것은 꺼림칙합니다."

땅을 산 랍비는 생각 끝에 그 땅을 학교에 기부했고, 모두가 만족스러워했어.

이 이야기의 초반부는 불공정한 거래, 거래의 절차에 따른 분쟁을 다루고 있다. 먼저 흥정을 한 사람이 땅을 사는 것이 올바른 절차임에도 갑자기 다른 사람이 나타나 대뜸 그 땅을 구매하는 것은 잘못된 일이라는 사실을 알려준다. 무엇보다 '약속을 철저하게 지켜야 한다'는 가르침이 중요하다. 흥정은 그 자체로 이미 다른 사람에게는 팔지 않겠다는 약속이기도 하다. 따라서 누군가가 흥정을 하고 있을 때 대뜸 먼저 물건을 구매하려는 행위는 정당하지 않다.

또한 이 이야기에서 주목해야 할 부분은 잘 모르는 누군가로부터 공짜로 선물을 받는 것을 경계하라는 것이다. 성인이 되면 '공짜는 없다'는 사실을 체험적으로 알게 된다. 비록 상대가 호의로 준 것이라고 해도 마음의 빚으로 남고 심리적 부담이 되기도 한다.

이 이야기는 잘못된 절차로 분쟁의 여지가 생긴 거래의 해결책으로 기부를 선택하여 모두가 만족하는 이야기로 끝을 맺었지만, 궁극적으로는 반드시 정직하고 투명하게 절차를 지켜 거래를 해야 한다는 교훈을 주고 있다.

생각이 점화되는 부싯돌 질문

흥정이 무엇인지 아니? 흥정의 대상이 되는 물건에는 어떤 것이 있을까?

부싯돌 교육 땅이나 건물, 또는 대규모 계약처럼 비교적 큰 단위의 물건이나 서비스 등은 흥정할 수 있어. 하지만 '정찰제'도 있듯이, 우리가 일상적으로 먹고 쓰는 등의 물건이나 서비스는 흥정을 하지 않아.

값을 흥정한 사람이 있는데 그 사람을 무시하고 땅을 사버린 것은 옳은 일일까? 옳지 않다면 왜 옳지 않을까? 땅을 산 랍비도 문제지만 땅을 판 주인도 문제가 아닐까? 계약을 하거나 물건을 판매할 때 왜 정당한 절차를 지켜야 할까?

부싯돌 교육 흥정도 일종의 약속이기 때문에 그 관계에 끼어드는 건 올바른 일이 아니야. 판 사람도, 산 사람도 약속을 어겼다고 할 수 있지. 그런 분쟁을 막기 위해서 계약을 하거나 물건을 사고팔 때 절차가 있는 거야.

모든 거래의 가장 기본은 무엇일까?

부싯돌 교육 거래를 할 때는 서로에 대해 믿음을 갖고 서로에게 한 약속을 지키는 게 중요해. 만약 이것이 깨지면 올바르고 정당한 계약이 힘들어지고, 서로에게 화를 내고 항의하는 일이 수없이 일어날 거야.

세상에서 가장 지키기 어려운 약속

한번 한 약속은 반드시 지켜야 한다. 하지만 약속을 지키는 일은 무척 어렵기 때문에 가끔 우리는 이런저런 변명과 핑계로 약속을 교묘하게 피해가거나 꼼수를 부리려 한다. 이 이야기는 이런 상황을 재미있게 풀어내고 있지만, 유대인의 모습에서 우리의 모습이 겹쳐 보이는 사람도 많을 것이다. 약속을 지킨다는 것은 그만큼 어려운 일이다. 그렇기에 그 약속을 지키면 뿌듯함과 성취감이 느껴진다. 특히 자신과의 약속은 보는 눈이 없어 더욱더 지키기 어렵지만, 나 자신에게 떳떳한 사람이 되려면 반드시 지켜야 하는 약속이다.

아이에게 들려주는 이야기

한 유대인이 시장에서 말 한 필을 사서 집으로 돌아가는 중에 갑자기 거센 폭풍을 만났어. 사나운 비바람에 잔뜩 겁을 먹은 말은 그 자리에서 한 발짝도 움직이려 들지 않았지. 한참 동안 말과 씨름을 벌이다 지친 유대인은 지푸라기라도 잡는 심정으로 하나님께 기도했어.

"하나님, 제발 이 비바람을 멈추어주십시오. 그렇게만 해주신다면 이 말을 팔아서 그 돈을 하나님을 위한 일에 쓰겠습니다."

그의 기도가 끝나기 무섭게 거짓말처럼 폭풍우가 멎었어. 하나님과의 약속은 무슨 일이 있어도 지켜야 하기 때문에 그는 말을 몰고 다시 시장으로 갔어. 그런데 시장에 나타난 그의 오른손에는 말고삐가, 왼손에는 닭 한 마리가 들려 있었어. 그 모습을 본 한 농부가 그에게 와서 물었지.

"그 닭, 파실 건가요?"

"그렇소. 단 이 말을 사는 사람에게만 함께 팔 겁니다."

"그럼 닭하고 말을 합해서 얼마에 팔겠소?"

"닭은 50만 원이고, 말은 5,000원이오."

지혜라면 지혜고 꼼수라면 꼼수다. 두 개를 묶어 팔면서 하나님을 위해 써야 하는 돈을 최대한 줄이려고 했기 때문이다. 그나마 다행은 하나님과의 약속을 일방적으로 어기거나 자신이 했던 약속을 스스로 깨지 않았다는 점이다. 그런 점에서는 약속을 지키기 위해 노력한 흔적은 보인다. 이런 경우를 두고 '사람 마음은 참 간사하다'고 말하기도 한다. 자신이 위험하거나 불리할 때에는 큰 대가를 제공하겠다고 하지만, 막상 그 위험에서 벗어난 후에는 어떻게든 대가를 줄이려고 노력한다. 하지만 자신이 했던 말과 약속이라면 반드시 지켜야 함을 아이에게 알려주자.

생각이 점화되는 부싯돌 질문

만약 네가 유대인의 입장이었다면 어떻게 할 것 같아? 그리고 만약 정말로 유대인이 하나님을 위해 5,000원만 썼다면 어떨까? 그러면 혹시 훗날이 두렵지 않을까? 이렇게 꼼수를 쓴 유대인이 다시 또 하나님에게 도와달라고 하면 하나님이 정말 도와주실까?

부싯돌 교육 약속은 크게 두 가지가 있어. 하나는 다른 사람과의 약속이고 또 하나는 나와의 약속이지. 다른 사람과의 약속을 지키는 것은 너무도 당연하지만, 나 자신과의 약속도 무척 중요한 일이야. 만약 친구와의 약속을 지키지 않으면 친구는 너를 어떻게 생각할까? 자신을 무시한다고 여기고 기분이 나쁠 거야. 그리고 다시는 어떤 약속도 하려고 하지 않겠지. 이것은 자기 자신과의 약속에도 똑같이 적용돼. 나 자신과의 약속은 설령 지키지 않는다 하더라도 다른 사람이 비난하진 않아. 하지만 스스로 어떤 생각이 들까? '나는 나와의 약속을 지키지 못한 아이'라는 자책감이 들겠지. 그렇게 되면 스스로를 존중하는 마음이 생기지 않을 거야. 그러니 나 자신을 위해서라도 자신에게 했던 약속은 꼭 지켜야 해.

소비 습관이 부자를 만든다

번 돈을 지키는 어려움

돈을 버는 일도 힘들지만 번 돈을 지키는 일은 더 힘들다. 아끼고 줄여야 돈을 모을 수 있지만 현실적으로 우리를 유혹하는 목소리가 너무나 많기 때문이다. 가장 대표적으로는 잘 기획된 광고다. '편리하다, 맛있다, 효율적이다, 싸다, 멋지다'라고 속삭이는 광고의 유혹에는 어른들도 넘어가기 십상이다. 더구나 어려서부터 소비의 유혹에 경계심을 갖지 못하면 성인이 되어서도 과소비에서 벗어나지 못하는 경우가 매우 흔하다.

아이에게 들려주는 이야기

허셀의 아내는 매일매일 "돈! 돈!"을 외쳤어. 그럴 때마다 허셀은 말했지.

"나는 돈이 한 푼도 없소."

그러면 아내는 늘 이렇게 대꾸했어.

"당신 할머니에게나 그렇게 얘기해요! 내가 아는 사실은 애들이 굶고 있다는 것뿐이에요."

허셸은 이 말을 듣고 심각한 표정을 지으며 의자에서 일어났어. 그는 장남에게 근엄하게 말했지.

"옆집에 가서 회초리를 빌려 오너라."

이 말을 들은 아내는 몸을 떨기 시작했어. 그녀는 당황한 표정으로 혼잣말을 했지.

"하나님이여, 자비를 베푸소서! 이제 저 사람이 나에게 회초리를 대려고 합니다!"

허셸은 아내를 때릴 생각이 추호도 없었어. 그는 아들이 회초리를 가지고 오자, 시장으로 가서 공중에서 그것을 휘두르며 크게 소리쳤어.

"레티체프까지 반값으로 모셔다 드립니다."

레티체프는 시장에서 멀리 떨어져 있는 어떤 지역의 이름이야. 사람들은 '굉장히 싸구나!' 생각하며 순식간에 모여들었어. 허셸은 그들에게 일단 돈을 거두어 아들에게 주며 말했어.

"이것을 어머니에게 갖다 주어라."

사람들은 그를 따라 길을 내려가면서 물었어.

"그런데 말은 어디 있소?"

허셀은 그들에게 말했어.

"아무 걱정 말고 따라만 오시오. 내가 당신들을 레티체프까지 곧장 데려다 줄 테니까."

그 말을 믿은 사람들은 더는 질문하지 않고 그의 뒤를 따라갔어. 시내를 벗어났지만 여전히 말은 보이지 않았어. 그리고 저 멀리 다리가 보였지. 사람들은 '틀림없이 다리 근처에 말이 있겠지'라고 생각했어. 하지만 그 어디에도 말은 없었어. 이미 그들은 목적지의 절반 가까이 온 상태였어. 사람들은 너도나도 불만을 쏟아내기 시작했지. 하지만 불평해봐야 무슨 소용이겠어. 이미 목적지의 절반을 걸어왔는데 말이야. 그리고 얼마 뒤, 사람들은 마침내 레티체프에 도착했어. 사람들은 참고 있던 화를 내뱉기 시작했어.

"이 도둑놈아, 우리 돈 내놔라. 네가 우리를 속여?"

허셀은 코웃음을 치며 말했어.

"당신들을 속였다고? 말해보시오. 내가 당신들을 레티체프까지 데려다 준다고 약속했소, 안 했소?"

"태워다 줘야지 걸어가게 해서야 말이 되느냐!"

허셀이 다시 되받아쳤지.

"내가 말로 태워다 준다고 한마디라도 했소?"

사람들은 어안이 벙벙해서 말문이 막혀버렸어. 사실 틀린 말은 아니니까. 사람들은 화가 났지만 어쩔 도리가 없었기 때문에 침을 탁 뱉고는 가버렸어.

허셀이 집으로 돌아오자, 그의 아내는 환하게 웃으면서 그를 맞이했어. 그리고 그에게 "허셀, 나는 이해할 수 없어요. 당신은 회초리밖에 가진 것이 없었는데 도대체 어디서 말을 구했단 말이에요?"라고 물었어.

허셀은 웃으며 대답했어.

"어리석은 질문일랑 마시오. 나에게 말이 무슨 필요가 있었겠소? 당신도 알다시피 '회초리 소리를 내면 항상 몇 마리의 말을 발견할 수 있다'는 속담이 있지 않소?"

이 이야기는 다양하게 해석할 수 있다. 우선 '아이디어가 있는 곳에 돈이 있다'고 읽을 수 있다. 회초리 하나로 돈을 벌었으니 어떻게 보면 기막힌 아이디어가 아닐 수 없다. 하지만 정작 사람들은 그를 경멸했으니 정상적인 비즈니스라고 보기는 어렵다. 오히려 이보다는 '과대광고에 속아서 레티체프까지 걸어가게 된 어리석은 사람들'로 해석하는 편이 좀 더 설득력이 있다.

TV 홈쇼핑을 떠올려보자. 출연자들의 현란한 말을 듣다 보면 마치 '저 물건 사지 않으면 오히려 내가 손해야'라는 생각이 들 정도다. 분명히 사지 않아도 되는 물건이지만, 마치 마법처럼 돈을 결제하게 만든다. 하지만 이렇게 충동적으로 물건을 사면 대개 후회한다. 마트에 가서 1+1 제품이라면 딱히 필요하지도 않은데 괜히 손이 가거나 세일하는 제품을 안 사면 손해보는 느낌이 드는 것도 같은 심리이다.

소비에 대한 자신만의 명확한 기준이 없고 이리저리 마케팅에 휘둘리면 힘들게 번 돈이 손가락 사이로 나도 모르게 빠져나가고 만다. 아이들에게도 이런 경험이 있는지 물어보고 소비에 대한 자신만의 원칙을 가질 수 있도록 도와주자.

생각이 점화되는 부싯돌 질문

간혹 정가의 반값으로 물건을 판다는 광고를 보곤 하는데 물건 값이 반값이 되는 게 가능할까? 그렇다면 애초에 가격을 지나치게 높이 책정하고 반으로 깎아 사람들을 유혹하려고 하는 건 아닐까?

부싯돌 교육 무엇이든 한 번쯤은 비판적으로 생각해보는 태도도 매우 중요해. 모든 걸 부정적으로 생각하라는 뜻이 아니라, 그 이면에 숨겨진 진짜를 보라는 뜻이지. 어떻게 물건값이 반값으로 떨어질 수 있을까, 1+1 사은행사는 왜 하는 걸까 하는 의구심을 가지면 세일을 한다고 해서, 값이 싸다고 해서 불필요한 물건을 사는 소비는 하지 않게 될 거야.

처음에는 살 생각이 전혀 없었는데 광고를 보고 물건을 사고 싶다는 생각을 해본 적이 있니? 혹시 그런 행동을 충동적인 소비라고 생각해본 적은 있어?

부싯돌 교육 물건을 사려면, 더 넓게는 내 돈을 쓰려면 정말 나에게 필요한지, 사도 후회하지 않을지 곰곰이 생각해야 해.

허셀에게 속아서 침을 뱉고 간 사람들은 어떤 생각을 할까? 그리고 다음에도 또 그렇게 속을까? 만약 네가 허셀에게 속은 사람이라면 넌 어떻게 할 것 같아?

부싯돌 교육 사실 따지고 보면 허셀의 말은 틀린 말이 아니야. 아주 교묘한 말솜씨로 사람들을 현혹한 거지. 그러니 그런 교묘한 상술에 넘어가지 않도록 항상 자기만의 기준을 명확히 가지고 소비 생활을 해야 해.

내 돈이라도 감사히 써야 하는 이유

돈에 관한 오해 가운데 하나는 '내가 능력이 있어서 돈을 잘 번다'와 '내 돈 내가 쓰는데 남들이 무슨 상관이냐' 같은 말이다. 얼핏 틀린 말 같지는 않지만, 따지고 보면 그렇지 않다. 본인이 아무리 능력이 출중해도 결국 소비자가 선택해주지 않으면 돈을 벌 수 없고, 직장 상사나 동료가 도와주고 인정해주지 않으면 능력을 발휘할 수 없다. 따라서 자신의 능력으로 돈을 벌어도 주변에 감사하는 마음을 가져야 한다.

내가 내 돈을 쓰는데 무슨 상관이냐는 태도도 다시 생각해봐야 한다. 공동체의 일원으로서 돈도 책임감 있게 쓰려고 노력해야 한다. 지나친 사치와 그 사치를 자랑하는 행동은 다른 사람을 배려하지 않는 이기적인 태도다.

아이에게 들려주는 이야기

최초의 인간이었던 아담은 빵을 얻기 위해서 얼마만큼 일을 해야 했을까?

먼저 밭을 일구고, 씨를 뿌리고, 가꾸고, 거두어 들이고, 곡식을 갈아서 가루를 만들어 반죽하거나 굽는 등 적어도 열다섯 단계의 과정을 거치지 않으면 안 되었어. 지금은 돈만 내면 빵집에서 빵을 사 먹을 수 있지만 옛날에는 그 모든 과정을 혼자서 해야 했지. 그러니 지금 이렇게 편리하고 간편하게 빵을 먹는다는 것에 대해 많은 사람에게 감사하는 마음을 가져야 해.

옷도 마찬가지야. 아담은 자기 몸을 가릴 옷을 만들기 위해 수

많은 단계의 작업을 거쳐야 했어. 양을 사로잡아 기르고, 털을 깎고, 올을 짜고, 기워서 입기까지에는 상당한 노력이 필요했지. 지금은 돈만 내면 옷가게에서 내가 원하는 옷을 사 입을 수 있잖아. 그러니 옷을 입을 때에도 그 고된 노동을 대신 해주는 사람들에게 감사하는 마음을 잊어서는 안 돼.

인간은 홀로 살 수 없는 존재다. 혼자 힘으로 많은 것을 이룬 것 같지만, 사실 그 뒤에 수많은 사람의 수고가 있기에 가능한 일이다. 빵 한 덩이, 옷 한 벌은 쉽게 돈 주고 사지만, 그 뒤에는 여러 과정과 누군가의 노동이 포함되어 있다. 내가 돈을 벌었다고 해도 그 과정에 많은 사람이 연결되어 있다는 사실을 알아야 한다. 그런 도움을 받아 내가 돈을 벌었다는 사실, 그래서 그 돈을 쓸 수 있다는 사실에 항상 감사해야 한다. 아이들이 이런 감사의 마음을 갖는다면 늘 돈 앞에서 겸손한 마음을 가지고 주변 사람들을 돕는 훌륭한 인성을 갖추게 될 것이다.

유대인에게는 사람을 평가하는 세 가지 기준이 있다고 한다. 유대어로 '키소(Ciso, 지갑), 코소(Coso, 술잔), 카소(Caso, 분노)'다. 지갑이란 돈이 많고 적음을 의미할 수도 있지만, 그 지갑에 있는 돈을 어떻게 쓰느냐를 가리킨다. 술도 적당히 마시면 사람 간의 관계를 좋게 만들지만, 많이 마시면 문제가 생긴다. 분노도 적당하면 자신을 발전시킬 수 있는 계기가 되지만, 타인을 향한 과격한 분노는 타인은 물론 자신을 파괴할 수도 있다.

우리는 돈을 '얼마나 버는가.' 또는 '얼마를 쓸 것인가, 말 것인가'의 관점으로만 보지만, 때로는 돈이 우리의 인성을 가꿀 수 있는 계기가 될 수도 있음을 잊어서는 안 된다.

생각이 점화되는 부싯돌 질문

내가 번 돈이라고 내 마음대로 써도 될까? 또는 내가 돈을 벌었다고 온전히 나만의 능력으로 돈을 벌었을까?

부싯돌 교육 우리는 '남을 위한 활동'을 할 때 돈을 벌 수 있어. 회사에서 열심히 일하고 월급을 받지만 그건 누구를 위한 일일까? 바로 내가 아닌 소비자를 위한 일이야. 소비자가 쓰고 마시고 입을 제품이나 서비스를 만들어야만 월급을 받을 수 있어. 사업도 마찬가지야. 나를 위한 물건을 만들지 않고 남이 잘 쓸 수 있는 물건을 만들어야 돈을 벌 수 있지. 결국 내가 있기 위해서는 다른 사람이 있어야 하고, 다른 사람이 있어야 내가 있을 수 있어. 사람은 다른 사람과의 관계 안에서 서로 도움을 주고받을 때 돈이 생기고 돈을 벌 수 있는 거야. 그러니까 내가 돈을 벌었다 하더라도 다른 사람에게 감사하는 마음을 가져야 하고, 내

> 돈이라도 내 마음대로, 나만을 위해 쓰지 말고 다른 사람을 위해서 쓸 줄도 알아야 해.

홍보와 과대광고 사이의 딜레마

우리는 살면서 '홍보와 광고'라는 매우 중요한 문제에 부딪친다. 꼭 물건을 판매할 때만 홍보를 하는 것은 아니다. 회사에 입사할 때 쓰는 자기소개서도 결국에는 홍보이며, 사회생활을 하면서 자신을 소개해야 할 경우에도 마찬가지다. 사업을 한다면 홍보에 사활을 걸어야 할 만큼 홍보는 아주 중요한 일이다. 요즘은 워낙 많은 제품과 서비스가 번개처럼 나타나고 사라지기 때문에 살아남기 위해서는 홍보 전략이 필수적이다. 그런데 여기에서 한 가지 딜레마에 빠진다. 바로 과잉 홍보, 그리고 과잉을 넘어 거짓 홍보의 문제다. 과잉 홍보와 거짓 홍보를 하면 당장은 사람들의 관심을 끌 수 있을지 모른다. 일시적으로 물건을 많이 팔 수도 있다. 하지만 결국 신뢰에 영향을 미쳐 문제가 생길 수밖에 없다.

아이에게 들려주는 이야기

한 독일계 유대인이 시장에서 비쩍 마른 소를 팔려고 했어. 소 값으로는 턱없이 적은 100파운드에 팔겠다고 해도 사려는 사람이 없었지. 이 상황을 지켜보던 한 폴란드계 유대인이 동정 어린 투로 말했어.

"당신은 장사하는 법이 글렀소. 내가 팔아 드릴까요?"

그러고는 사람들을 향해 이렇게 외치기 시작해어.

"여러분, 여기를 보십시오. 사료 값도 안 들고 기르기도 쉬운 최고의 암소입니다. 우유도 많이 나오는 암소인데 단돈 400파운드입니다."

그러자 사람들이 떼 지어 모여들어 서로 소를 사려고 했어. 독일계 유대인은 깜짝 놀라 사람 틈을 헤치고 쇠고삐를 잡아끌면서 말했어.

"여보시오, 농담하지 마시오. 이렇게 훌륭한 소를 400파운드에 누가 판단 말이오? 이건 내 소니까 내가 가져가겠소."

폴란드계 유대인의 거짓 홍보는 사람들의 즉각적인 관심을 불러일으켰다. 독일계 유대인도 그 상황을 보고 깜짝 놀랐을 것이다. 그런데 독일계 유대인이 한 행동이 상당히 의외다. 애초에 100파운드에도 팔리지 않던 소가 느닷없이 400파운드에 팔리면 좋은 일인데도 그는 소를 팔지 않으려고 했다. 왜 그랬을까?

첫째는 갑작스럽게 전개되는 상황이 다소 두려운 나머지, 거짓 홍보로 소를 팔 수 없다고 생각해 거래를 아예 중지한 경우다. 소비자와의 신의를 지키려는 행위로 볼 수 있을 것이다. 둘째는 그 또한 거짓 홍보에 넘어가 자신의 소에 욕심이 생긴 경우다. 400파운드에 팔면 아무래도 폴란드계 유대인에게 홍보의 대가를 주어야 하기 때문에 나중에 혼자 장터에 와서 소를 팔려는 계획이 아니었을까? 그 어떤 경우라도 거짓 홍보에 의한 거래는 무산되었으니 부도덕한 거래가 이루어지지는 않았다.

생각이 점화되는 부싯돌 질문

폴란드계 유대인이 한 행동의 장점과 단점을 설명해볼까?

부싯돌 교육 순식간에 사람을 불러 모아 100파운드에도 팔리지 않던 소를 400파운드에 팔 수도 있었던 건 장점이지만, 그렇게 거짓으로 홍보해서는 타인을 속이고 상인에 대한 소비자의 믿음을 배신하는 태도는 건전한 거래를 방해하는 행위야.

독일계 유대인처럼 아무 홍보도 하지 않는 것이 잘한 일일까?

부싯돌 교육 당연히 그렇지는 않아. 폴란드계 유대인처럼은 아니지만, 최소한의 홍보는 해야 돈을 벌 수 있잖아. 홍보를 너무 몰라도 투자한 만큼의 돈도 회수하지 못하는 난처한 상황에 빠질 수 있어.

과장 홍보와 거짓 홍보의 차이점은 무엇일까?

부싯돌 교육 과장 홍보는 있는 내용을 다소 부풀리는 것이고, 거짓 홍보는 사실이 아닌 것을 마치 사실인 것처럼 말하는 거야. 그런 점에서 거짓 홍보는 절대로 해서는 안 돼. 과장 홍보도 주의해야 해. 어느 정도의 과장은 이해할 수 있지만, 정도를 넘어서면 거짓 홍보가 되거든. 사람들이 받아들일 수 있는 정도의 홍보인지, 아니면 "에이, 저거 완전 사기잖아"라고 받아들일지 잘 생각해봐야 해.

'홍보'와 '광고'의 차이점은 무엇일까?

부싯돌 교육 홍보란 돈을 들이지 않고 원하는 내용을 알리는 다양한 방법이야. 입소문을 통해 제품을 알리거나, SNS를 이용하면 별도의 비용이 들지 않으니 '홍보'라고 할 수 있지. 반면 광고는 동일한 원리지만 비용이 들어. TV에 나오는 수많은 제품 영상이 광고에 속하지. 광고를 하려면 광고를 만드는 사람뿐만 아니라, 그 광고를 방영하는 방송국이나 극장 등의 매체에 일정한 금액을 지불해야 해. 물론 SNS에 홍보를 한다고 해서 돈이 안 드는 건 아니야. 유명한 사람에게 제품이나 서비스를 의뢰하면서 그 대가로 돈을 지불하면 광고가 되는 거란다.

효율적으로 일해야 부자가 된다

열심히, 오래 일하는 게 최선일까?

열심히 일하고 오래 일하는 것. 우리는 이 두 가지의 노동 방식을 매우 긍정적으로 생각한다. 일은 당연히 열심히 해야 하고, 오래 일을 하면 돈을 더 많이 벌거나 빨리 성공에 이를 수 있다고 생각하기 때문이다. 물론 이런 노동의 가치관을 심어주는 건 좋지만, 그것이 전부가 되어서는 안 된다. 기왕 하는 일이라면 최대한 빨리, 잘 해낼 수 있도록 효율성을 극대화해야 한다. 나이가 들어서까지 오래 일하는 건 시스템을 제대로 갖추지 못했다는 의미이기도 하다. 효율적인 업무 시스템을 갖추어 놓으면 시스템이 굴러가면서 돈을 벌고, 사람은 시간적인 여유를 가질 수 있다.

아이에게 들려주는 이야기

어느 마을에 큰 포도밭을 가진 사람이 있었어. 포도밭 주인은 동생에게 농장 일을 모두 맡기고 세계 각국으로 여행을 다녔지. 1년에 한 번씩 농장을 둘러볼 뿐이었어.

어느 날 포도밭 주인이 긴 여행을 마치고 돌아왔어. 동생이 이야기했지.

"형님, 여행은 즐거우셨어요?"

"네 덕분에 늘 마음 놓고 여행을 다닌단다. 올해도 농사를 잘 지었구나."

주인은 동생과 함께 포도밭을 거닐며 일꾼들에게 격려의 말을 건넸어. 그때 유독 손이 빠른 일꾼이 형의 눈에 들어왔지.

"저 사람은 손이 무척 빠르구나. 다른 사람들보다 몇 배는 일을 잘하는데."

"네, 형님. 지난달에 들어온 사람인데 무척 빠르고 정확하게 일을 합니다."

주인은 손이 빠른 일꾼을 가만히 쳐다보다가 다시 한 번 놀랐어. 마음속으로 '굉장히 빠르고 꼼꼼한걸'이라고 생각했지.

"아우야, 저 사람을 내게 좀 보내라"

"왜요?"

"할 말이 있으니 잠깐 보내거라."

"예, 형님."

주인의 집 앞에 도착한 일꾼은 몸에 묻은 먼지를 털어내고 헝클어진 머리도 단정하게 빗었어.

"주인님, 부르셨습니까?"

"나를 처음 볼 텐데 내가 주인인지 어찌 알았소?"

"느낌으로 알아보았습니다."

"허허! 여기 와서 앉게."

"아, 아닙니다. 저는 그냥 여기에 서 있겠습니다."

"사양하지 말고 앉아서 음료수 한 잔 마시게."

"예, 감사합니다."

주인은 일꾼과 음료수를 마시면서 시간 가는 줄 모르고 이야기를 나눴어. 일꾼은 자신이 살아온 이야기며 포도 농장에 대한 의견도 스스럼없이 말했어. 얼마 후 일꾼은 창밖에 노을이 지는 것을 보고 깜짝 놀랐어.

"어이쿠, 주인님! 제가 시간 가는 줄도 모르고 이렇게 앉아 있었습니다. 어서 농장으로 가 봐야겠습니다."

"아, 그렇구먼! 나도 농장에 가야 하니 함께 가세"

주인과 일꾼이 포도밭에 도착했을 때는 이미 그날 작업을 모두 마친 상태였어. 다른 일꾼들은 품삯을 받기 위해 줄을 길게 서 있었지. 손이 빠른 일꾼도 줄을 섰어. 주인집에 가기 전까지 일을 했으니 적더라도 품삯을 받았으면 좋겠다고 생각한 거야. 그런데 주인은 그 일꾼에게 하루 임금인 동전 한 닢을 모두 주었어. 그러자 다른 일꾼들이 주인에게 항의했지.

"주인님, 이건 불공평합니다."

"이 사람은 오후 내내 자리를 비웠습니다. 그러니 돈도 반만 주셔야 합니다. 공평하게 대해 주세요!"

"일한 만큼만 돈을 주세요!"

화가 난 일꾼들이 도끼눈을 뜨고 금방이라도 달려들 듯한 기세로 몰아붙이자 주인이 조용히 말했어.

"잘 들으시오. 내가 중요하게 생각하는 건 얼마나 오랫동안 일했느냐가 아니라 얼마나 많은 일을 했느냐는 것이오. 이 사람이 반나절 동안 한 일은 당신들이 온종일 한 일보다 많소. 그래서 하루 임금을 다 준 것이오. 공평하게 따지자면 이 사람은 그동안 당신들보다 더 많은 돈을 받아야 했을 거요. 당신들도 그 사실을 알고 있을 텐데, 그렇지 않소?"

주인의 말에 일꾼들은 아무 말도 하지 못했어.

효율성이란 같은 시간, 같은 노력을 투자해서 더 많은 성과를 얻는 것이다. 그러니 인생을 더 빠르게 전진시키는 지름길이다. 공부도 마찬가지고 일을 하거나 사업을 할 때에도 마찬가지다. 이렇게 효율적으로 일을 하다 보면 윗사람의 눈에 띄어 성과를 인정받아 더 나은 자리로 옮기거나 연봉을 올릴 수 있다.

중요한 것은 이러한 효율성은 혼자만 일을 잘한다고 해서 이뤄지지 않는다는 점이다. 사실 세상의 모든 일이 '협업'이다. 지혜로운 방법으로 힘을 합치고, 효과적으로 일해야 효율성이 생긴다. 하지만 안타깝게도 우리 아이들은 학창 시절 내내 협업을 배우지 못한다. 유대인의 교육 방식처럼 토론을 중심으로 타인과 생각을 나누지 않고 오로지 혼자서 문제의 답을 구하는 방식으로 교육받기 때문이다. 따라서 아이에게 '함께하는 효율성'에 대해 알려주어야 한다.

이 이야기는 포도밭 주인의 삶을 통해 '일의 효율성'을 넘어 '삶의 효율성'에 대해서도 이야기한다. 젊을 때에는 직장에서 일하지만 평생 직장인으로 살 수는 없다. 그러니 직장에서 노하우를 쌓고 종자돈을 만들어 자신만의 '돈 버는 시스템'을 개발해야 한다. 그 이후에는 여행을 다니든 다른 사업을 구상하든 자신의 삶을 누려야 한다. 돈이 벌리는 시스템이야말로 '삶의 효율성'이라고 할 수 있다.

이런 삶에 대해 아이들은 큰 감흥이 없을 수도 있다. 그러나 이러한 목표를 빨리 잡을수록 더 빨리 인생을 준비할 수 있다. 특별한 목표 없이 월급만 바라보고 사는 사람과 '나만의 돈 버는 시스템'을 염두에 두고 사는 사람의 미래는 다를 수밖에 없다.

생각이 점화되는 부싯돌 질문

주인은 왜 일 잘하는 일꾼을 불러서 함께 차를 마셨을까?

부싯돌 교육 일을 효율적으로 하는 일꾼의 이야기를 듣고 싶었을 거야. 일을 잘하니 농장의 문제점이나 개선 방향에 대해서 자신만의 생각이 있을 수도 있으니 말이야. 일을 효율적으로 잘하면 사람들 눈에 띄고, 더 나은 조건에서 일할 수 있는 기회를 얻을 수도 있어. 일이든 공부든 '효율적'으로 해야 해. 다른 사람과 비슷한 노력, 비슷한 시간을 들여도 더 많은 것을 할 수 있다면, 무엇이든 훨씬 빨리 성취할 수 있으니까.

원칙과 고지식함의 사이

직장 생활과 경영의 가장 큰 차이점은 '안정성'일 것이다. 회사가 망해서 한순간 직장을 잃는 일이 일어나지 않는다면, 회사원은 사업가에 비해 훨씬 안정적인 생활을 할 수 있다. 사업을 하면 큰돈을 벌 수 있는 기회가 있지만, 워낙 부침이 심하기 때문에 안정성이 떨어진다. 그러나 안정성이 떨어진다고 위기 앞에 나약해서는 안 된다. 위기 앞에서의 무기는 '순발력'이다. 상황 변화에 따른 창의적인 순발력은 위기를 기회로 바꾸고, 이를 통해 더 큰 안정성이 획득된다.

아이에게 들려주는 이야기

어느 교회의 랍비가 그동안 사람들이 낸 헌금을 세어보았어.

"형제들의 작은 손길이 이렇게 큰 수확을 이루었구나. 가만, 이 돈을 어디에 쓰면 좋을까?"

랍비는 생각 끝에 성전을 꾸밀 다이아몬드를 사기로 결심했어. 수소문 끝에 좋은 보석가게를 찾아갔지. 그 보석가게에는 도시에 딱 하나 있는 어마어마한 다이아몬드가 있었거든. 금화 3,000냥짜리였지. 랍비는 금화 3,000냥을 소중히 품에 안고 보석가게로 갔어.

"어서 오세요."

마침 가게를 지키고 있던 청년이 랍비에게 허리를 굽혀 공손히 인사를 했어.

"안녕하시오. 세상에서 가장 멋진 다이아몬드를 판다는 소문을 듣고 왔소. 여기, 형제들이 십시일반 모은 금화 3,000냥이 있소."

"그런데 다이아몬드로 무엇을 하시려고요?"

"성전을 꾸밀 걸세."

"그럼 잘 오셨습니다. 저희는 최상품의 다이아몬드만 취급합니다. 그 다이아몬드를 찾으시는 걸 보니 과연 안목이 높으십니다. 잠깐만 기다려주세요."

청년은 기쁜 마음으로 금고로 갔어. 아! 그런데 이게 무슨 일이지? 늘 같은 자리에 놓여 있던 금고 열쇠가 없지 뭐야. 청년은 순간 가슴이 철렁했지만 아버지의 코 고는 소리가 들리자 안심이 되었어.

'아버지가 가져 가셨군.'

청년의 아버지는 잠을 잘 때마다 늘 금고 열쇠를 베개 밑에 넣어 두는 버릇이 있었거든. 청년은 아버지의 방문을 살짝 열어 보았어. 아버지는 세상에서 가장 편안한 얼굴로 잠들어 있었지. 아버지의 곤히 잠든 모습을 보니 차마 아버지를 깨울 수 없었던 청년은 랍비에게 다가가 말했어.

"죄송합니다. 지금은 다이아몬드를 팔 수가 없습니다."

"그새 다이아몬드에 무슨 일이라도 생겼소?"

"아니요. 실은 금고 열쇠가 아버지 베개 밑에 있는데 아버지가 곤히 주무시고 계시거든요."

랍비가 깜짝 놀라 물었어.

"아니, 그럼 지금 금화 3,000냥짜리 다이아몬드를 팔 수 있는 기회를 놓치겠다는 건가? 내가 다른 가게에 갈지도 모르는데?"

"죄송합니다. 아버지의 단잠을 깨울 수가 없습니다. 저에게는 3,000냥도 귀하지만 아버지의 휴식이 더 소중합니다."

이 이야기를 어떻게 해석해야 할까? 3,000냥을 포기하고 아버지의 단잠을 지킨 아들의 효심을 칭찬해야 할까, 아니면 아들의 고지식함을 탓해야 할까? 효심 가득한 아들의 갸륵한 마음을 칭찬할 수도 있지만, 그로 인한 결과까지 칭찬하기는 힘들다. 아버지가 임종의 위기에 처한 것도 아니고, 그저 낮잠을 자고 있을 뿐인데 잠시도 깨우지 않겠다는 건 지나친 고지식함이다.

《탈무드》에 등장하는 대부분의 이야기는 비유적이다. 아들의 효심을 하나의 '원칙'이라고 생각하면 이 이야기가 주는 교훈은 선명해진다. 인생을 살면서도, 사업을 하면서도 '원칙'은 무척 중요하다. 한 번 깨지면 언제든 다시 깨질 위험이 있으며, 그렇게 되면 자신의 정체성을 지키지 못할 수도 있다. 물론 사업을 할 때 원칙만 지킨다고 해서 좋은 건 아니다. 돈을 버는 방법은 수천수만 가지가 있으며, 그 과정에서 일어나는 다양한 어려움에 순발력 있게 대처해야 한다. 따라서 지나치게 원칙에만 매달리면 자칫 새로운 기회를 잡기 어려울 수도 있다. '창의력'은 기존의 틀을 깨고 거기에서 완전히 벗어나는 일이다. 기존에 정해진 틀을 벗어나지 않으면 늘 경쟁자에 치이고 휘둘린다. 그러니 '효심'은 매우 중요한 원칙이지만 그것만 고지식하게 지키는 건 현명하지 못하다.

이 이야기는 또 다른 관점에서 해석할 수도 있다. 랍비가 사려는 3,000냥짜리 다이아몬드는 '그 도시에 딱 하나'밖에 없다. 그러니 랍비가 그 다이아몬드는 사고 싶다면 다른 방법이 없다. 지금 다이아몬드를 사지 못하면 나중에라도 와서 사야 할 상황이다. 청년도 아마 이 점을 믿고 단호하게 팔지 않겠다고 했는지 모른다. 이렇게 해석한다면 이 이야기는 '압도적인 경쟁력'이라는 차원으로도 설명할 수 있다. 나에게 압도적인 우위와 차별성이 있으면 시장에서 승리자가 될 수 있다.

생각이 점화되는 부싯돌 질문

만약 네가 보석을 파는 청년이었으면 어떻게 했을 것 같아? 아버지를 깨웠을까? 아니면 청년처럼 랍비를 돌려보냈을까? 그렇게 행동한 이유는 무엇이니?

부싯돌 교육 청년의 효심은 충분히 훌륭하지만, 때로는 순발력과 융통성이 필요할 때도 있어. 고객이 물건을 사고 싶다고 했을 때, 그 기회를 놓치는 건 어리석은 일일 수도 있지. 게다가 잠은 나중에 다시 자면 되잖아. 아버지가 주무신다는 이유만으로 다이아몬드를 팔지 않는 것은 너무 고지식하다고 볼 수도 있지.

만약 아버지의 잠을 깨워 다이아몬드를 팔고 나서 아버지께 미안한 마음이 들었다면, 그 3,000냥을 다른 방식으로 활용해 효도를 할 수도 있지 않을까? 어떤 방법이 있을까?

부싯돌 교육 아버지에게 멋진 옷을 사드릴 수도 있고, 맛있는 음식을 대접할 수도 있어. 용돈을 드릴 수도 있겠지. 그렇게 한다면 아버지도 참 즐거워하실 거야.

그런데 무엇보다 중요한 건 그 다이아몬드는 그 도시에서 그 가게에서만 살 수 있었다는 점이야. 그러니까 그 다이아몬드를 사려면 랍비는 언제든지 다시 가게에 가야 해. 이렇게 아주 특별한 물건을 가지고 있다는 건 매우 중요해. 그것을 '경쟁력'이라고 한단다. 남들은 갖지 못한 경쟁력을 갖추면 더 많은 기회를 얻을 수 있어.

경제 흐름을 알아야 부자로 산다

상인의 이익 vs. 소비자의 이익

경제관념이 생기기 시작하면 아이들도 '같은 물건이지만 더 싸게 파는 곳'에 대한 개념이 생긴다. 그래서 자주 사는 물건이라면 좀 더 싸게 파는 곳에서 물건을 산다. 하지만 아이들은 '더 싸다'는 사실은 알지만 왜 싼지에 대해서는 이유를 모를 수 있다. 이것이 바로 '가격경쟁'이다. 가격으로 경쟁하는 것은 매우 중요한 상거래 행위 가운데 하나다. 여기에서 '부당한 거래'로 개념을 확장할 수 있다. 가격을 낮추는 것은 왜 부당한 거래가 아닐까? 《탈무드》는 그 이유를 '소비자의 이득' 때문이라고 답한다.

아이에게 들려주는 이야기

한 상인이 나를 찾아왔다네. 그는 다른 상점에서 물건을 부당하게 싸게 팔아 자기네 손님을 빼앗아가고 있다고 호소하더군. 《탈무드》에는 부당한 경쟁에 대한 꽤 많은 이야기가 담겨 있는데, 그때까지 나는 《탈무드》 안에 그런 기록이 있다는 사실을 전혀 모르고 있었어. 나는 일주일 동안 여유를 갖고 《탈무드》를 연구한 다음 판결을 내려주기로 했어. 《탈무드》에는 다음과 같이 기록되어 있더군.

어떤 상품을 취급하고 있는 상점 옆에 가게를 차리고 똑같은 상품을 팔아서는 안 된다고 말이야. 그런데 어쨌든 두 가게가 있다고 가정했을 때, 한 가게에서 물건에 경품을 붙여서 아이들에게 판다고 가정해보세. 옥수수 강냉이처럼 대단치 않은 경품이지만 아이들이 강냉이를 먹고 싶은 마음에 어머니를 끌고 가 그 가게에서 물건을 샀다네. 《탈무드》에서는 값을 내려 경쟁하는 것은 물건을 사는 고객에게 이익이므로 좋다고 말하는 랍비도 있었어. 어떤 랍비는 손님을 끌기 위해 값을 내려 팔거나 경품을 붙여 파는 건 정당치 못한 행위라고 말하더군. 그러나 대다수의 랍비는 아무리 값을 내려 싸게 팔아도 그 경쟁은 불공정한 거래가 될 수 없다고 판결했다네. 물건을 사는 고객에게 이득이 된다면 괜찮다는 판단이었지. 나는 다시 찾아온 상인이 납득하도록 설명해주었다네.

"물건을 훔치는 행위는 분명히 금지되어 있지만, 물건 값은 얼마를 내려 싸게 팔든 정당한 행위입니다."
즉 자유로운 경쟁의 원칙에 따라 소비자가 이득을 본다면 그건 바람직한 일이라고 생각하네.

'어떤 상품을 취급하고 있는 상점 옆에 가게를 차리고 똑같은 상품을 팔아서는 안 된다'는 부분에 대해 생각해보자. 누군가 판매를 선점을 하고 있는 상황에서 '똑같은 상품'을 팔 목적으로 가게를 새로 차리는 것은 부당 거래가 될 수도 있다. 하지만 '경쟁'이라는 관점에서 보면 그렇지 않은 부분도 있다. 예를 들어 어떤 회사가 스마트폰을 생산해 판매한다고 가정해보자. 그렇다고 다른 회사가 스마트폰을 생산하는 것이 부당한 일은 아니다. 자본주의 사회에서는 경쟁이 얼마든지 용인되고 있기 때문이다. 다만 '특허'는 다른 이야기다. 타인의 아이디어를 도용해서는 안 된다.

이 이야기는 경품을 주거나 저렴하게 파는 경제 행위에는 문제가 없다고 판단한다. 즉 '마케팅'을 충분히 인정하는 것이다. 현대의 경제활동에서는 '경품 마케팅' '저가 마케팅'이 일반화되어 특별한 논란이 없지만, 수천 년 전 상거래에서는 이런 식의 판매 방식에 논란이 있었을 것이다. 이 이야기에서는 그런 방식의 판매가 부당 거래가 아니라고 판단하고, 그렇게 판단한 기준을 '소바자의 이익' 때문이라고 말한다. '상인의 이익'이 중요한가, 아니면 '소비자의 이익'

이 중요한가에서 '소비자의 이익'을 더 중요하게 생각하고 있는 것이다. 만약 상인들이 담합해서 절대로 가격을 낮추지 않는다면, 이는 소비자가 얻을 수 있는 이익이 침해될 수 있음을 의미한다.

상거래 행위는 소비자의 수요를 만족시키고 그들의 이익을 증진하는 방향으로 전개되어야 한다는 기본 전제가 깔려 있다. 경제 교육에서 매우 중요한 대목이다.

생각이 점화되는 부싯돌 질문

가격을 저렴하게 낮추거나 경품을 붙여서 판매하는 행위는 왜 부당 거래가 아닐까?

부싯돌 교육 그렇게 하면 소비자는 돈을 조금 내고도 물건을 구입할 수 있고, 같은 가격이라도 경품까지 얻을 수 있으니 더 이익이 되겠지. '소비자의 이익'이 그만큼 중요하다고 생각하는 거야.

그러면 반대로 상인들끼리 몰래 합의를 해서 가격을 내리지 않는다면 그것은 부당 거래일까? 그 이유는 뭘까?

부싯돌 교육 그렇게 하면 소비자는 어쩔 수 없이 많은 돈을 주고 물건을 구입해야 하고 '소비자의 이익'은 침해받겠지. 요즘에는 상인들끼리 '담합'을 하면 '부당공동행위'라고 해서 벌금을 내거나 처벌받도록 되어 있어. 그러니 상거래를 할 때에는 소비자의 이익을 먼저 생각해야 하고 업체들끼리 가격을 담합해서 높게 유지해서는 안 돼.

경품이 있는 상품이라면 무조건 좋은 물건일까? 얼마 전에 유명 패스트푸드점에서 특정 메뉴를 구매하면 장난감을 주는 행사를 열기도 했어. 공짜로 경품을 받을 수 있으니 소비자에게 좋은 일일까?

부싯돌 교육 때로는 소비자에게 이득이 아닐 수도 있어. 어떻게 보면 그 경품에 들어가는 비용을 소비자가 부담하는 경우도 있거든. 어떤 제품이 TV광고를 하면 그 광고비가 가격에 반영되기도 한단다. 비슷한 제품이라도 광고를 하지 않는 제품이 1,000원이라면 광고하는 제품은 1,100원이 되는 거지. 회사도 손해를 보면 안 되기 때문에 광고비 자체를 소비자 가격에 포함하는 거야. 그러니 경품이 있다고 무조건 '덤'이라고 생각하거나 광고하는 유명 제품이라고 해서 무조건 좋은 제품이라고 단정 지을 수는 없어.

생산자에서 소비자까지

경제를 제대로 알려면 '유통'에 관해서도 알아야 한다. 사실 유통은 경제에서 매우 중요한 역할을 담당한다. 예를 들어 아무리 좋은 물건을 싸게 만들어도 유통이 되지 않으면 아무런 소용이 없다. 특히 도매상-소매상의 차이점을 알아야 경제 생활에 도움을 받을 수 있다. 최근에는 온라인 쇼핑이 많이 발달했지만 그 또한 도매-소매로 이어지는 흐름 속에서 운영된다. 따라서 유통을 알면 '생산자(공급자) → 도매상 → 소매상 → 소비자'의 연결 고리를 알게 되고 전체적인 시장의 흐름을 이해할 수 있다. 그리고 도매와 소매상 사이의 외상 거래에 관해서도 이해할 수 있다.

아이에게 들려주는 이야기

포목 소매상 클로얀카는 먼 지역에 있는 도매상으로부터 물건을 구입했지만, 120마르크 상당의 돈을 주고 싶지 않았어. 도매상은 클로얀카에게 사람을 보내 돈을 받아오게 했지만, 클로얀카는 용케 자리를 피해버렸지. 재촉 편지를 보내기도 했는데 한마디 회신도 없었어. 난처해하던 도매상은 신입사원에게 어떻게 하면 좋을지 물었어.

"대체 이 일을 어떻게 하면 좋을까?"

신입사원은 자신 있다는 듯 답했지.

"저에게 좋은 생각이 있습니다. 클로얀카 씨에게 180마르크를 갚으라는 독촉장을 보내는 겁니다. 그가 어떤 태도로 나오는지 한번 두고 보시지요."

신입사원의 제안대로 도매상은 클로얀카에게 180마르크를 갚으라는 독촉장을 보냈어. 그랬더니 신입사원의 예상대로 금방 회신이 온 거야. 이렇게 말이야.

"당신은 터무니없는 돈을 청구했소. 나는 두 번 다시 당신에게 물품 주문을 하지 않을 것이오. 나에게 180마르크를 결제하라니? 내가 결제해야 할 금액은 120마르크뿐이란 말이오. 여기 120마르크 동봉하겠소. 다시 그런 터무니없는 금액을 청구하면 당신을 고소할 테니 그리 아시오."

도매상은 생산자로부터 물건을 대량으로 구매해 소매상에게 판매한다. 이렇게 하면 생산자는 한꺼번에 많은 양을 팔고 돈을 받을 수 있기 때문에 재고 관리 차원에서도 도움이 되고 당장 생산비를 충당할 수 있기에 여러모로 도움이 된다.

대량으로 사는 대신 다소 저렴하게 물건을 구입한 도매상은 다시 소매상에게 물건을 나누어 판다. 그리고 최종 소비자는 이 소매상에게 물건을 구입한다. 소매상이 물건을 대량으로 구매할 자금이 부족한 경우에는 생산자에게 직접 물건을 구매하지 않고 도매상을 통해 물건을 구매한다.

오늘날의 유통 경로는 이보다 훨씬 더 다양하다. 소규모 생산자가 도매상과 소매상 없이 직접 소비자에게 판매하는 경우도 있고, 다소 경제적 여력이 있는 소비자가 조금이나마 저렴하게 물건을 구입하기 위해 도매상에게 직접 가는 경우도 있다.

도매상과 소매상 사이에는 외상 거래가 있을 때도 있다. 소매상은 우선 물건을 받아 소비자에게 판 다음, 그 돈을 모아서 도매상에게 결제한다. 다만 이 과정에서 부정직한 거래가 일어날 수도 있다. 소매상은 도매상으로부터 돈을 내지 않고 물건을 가지고 오기 때문에 클로얀카처럼 결제를 회피하는 경우가 생길 수도 있는 것이다.

이 이야기에서 특히 재미있는 대목은 과도한 독촉장을 통해 결제를 유도하는 재치 있는 아이디어다. 물론 돈을 과도하게 청구해서는 안 되지만, 이미 소매상이 결제를 회피하고 있었기 때문에 과다 청구 행위는 어느 정도 정당화될 수 있다.

소매상 클로얀카는 독촉장을 받고 '자칫하면 내가 손해 볼 수도 있겠다'는 생각에 서둘러 결제를 했다. 120마르크를 아껴보려다 60마르크를 손해 볼지도 모를 상황이 닥치자 원금을 갚아버린 것이다.

생각이 점화되는 부싯돌 질문

소매상은 왜 돈을 안 주고 사람마저 피했을까? 그렇게 하면 당장은 돈을 쓰지 않아서 이익을 얻은 것처럼 보일 수도 있지만 멀리 봤을 때에도 정말 이익일까?

부싯돌 교육 누군가와 거래를 할 때는 정직과 신용을 가장 최우선의 가치로 여겨야 해. 당장은 나에게 이익이 될 것 같아서 정직과 신용을 저버리면 장기적으로 더 큰 손해를 볼 일이 생길 수밖에 없어.

그런데 왜 도매상은 소매상에게 미리 돈을 받지 않고 물건을 주었을까? 그런 거래를 '외상'이라고 하는데, 특별히 그렇게 해야 할 이유가 있을까?

부싯돌 교육 물건값을 모두 치를 수 있을 정도로 경제적 상황이 여유롭지 않을 때 상대에게 자신의 신용을 바탕으로 외상을 부탁하는 거야. 외상은 상대방에 대한 신뢰가 없으면 불가능한 거래 행위지. 상거래 행위는 단지 물건을 팔고 그에 대한 대가로 돈을 지불하는 행위가 아니라, 사람과 사람 간의 신뢰가 바탕이 되는 인간관계이기도 해.

도매상이 120마르크가 아닌 180마르크를 청구하자 소매상이 갑자기 돈을 갚은 이유는 뭘까? 그런 독촉장을 받으면 어떤 생각이 들 것 같아?

부싯돌 교육 부당하다는 생각이 들 거야. 그래서 원금 120마르크를 빨리 갚는 것이 자신에게 훨씬 이익이 된다고 판단했겠지.

주어야 할 돈이 있는데 그걸 계속해서 주지 않으면 상대방은 어떤 생각이 들까? 그리고 그런 상대에 대해 어떤 생각이 들까?

부싯돌 교육 지불해야 할 돈을 미루고 주지 않으면 상대방도 경제적으로 힘들어질 수 있어. 그러니 약속은 반드시 지켜야 해. 만약 그렇지 않으면 다른 사람의 신뢰를 잃을 뿐만 아니라, 상대방에게 큰 피해를 줄 수도 있거든. 그러면 앞으로 더 이상 거래를 하지 못하게 될 수도 있어.

은행이 우리에게 주는 것

길거리에는 수많은 점포, 가게, 업소가 있다. 아이에게 가장 익숙한 곳은 부모와 함께 가봤던 음식점이나 편의점일 것이다. 특히 편의점은 아이들도 쉽게 드나들면서 물건을 사는 곳이다. 하지만 아이 혼자서는 거의 가지 않는 곳이 있으니 바로 은행이다. 통장을 만들기 전까지는 갈 일이 없다.

하지만 은행을 잘 알고 익숙하게 생각하는 것은 앞으로 아이가 성인이 되었을 때 매우 유용하다. 우리 삶에서 은행은 매우 중요한 역할을 하기 때문이다. 돈을 입금받거나 송금할 때는 물론이고, 재테크의 가장 기본인 적금이나 주택청약 등도 은행을 통해야 한다.

아이에게 들려주는 이야기

어느 마을의 랍비가 생활이 어려워 시내에 나가 생선을 팔기로 했어. 아내가 생선을 사와서 정성껏 요리했고, 남편은 그 생선 요리를 수레에 싣고 시장으로 갔지. 랍비는 언제나 수레를 은행 건너편에 세워놓고 생선을 팔았어. 며칠이 지났을 때, 이웃 마을에 사는 랍비가 찾아와서 말을 건넸어.

"여보게, 장사는 좀 어떤가?"

"그럭저럭 할 만하네."

이웃 마을 랍비가 말했어.

"그런데 혹시 5루블이 있으면 빌려줄 수 없겠나?"

생선 파는 랍비는 이웃 마을 랍비와 친한 사이였기 때문에 5루블 정도는 빌려주고 싶었어. 하지만 생계가 곤란해 생선을 팔고 있는 처지이니 거절해야겠다고 생각했지.

"맞은편에 은행이 보이나? 난 이곳에서 장사를 시작하면서 은행과 협상을 했네. 내가 사람들에게 돈을 빌려주지 않는 대신,

은행에서도 생선을 팔지 않기로 말일세."

이 이야기는 두 가지 줄기를 가지고 있다. 하나는 돈을 빌려달라는 친구의 부탁을 재치 있게 거절한 방법이고, 또 하나는 은행의 가장 기본 업무에 대한 설명이다.

아이에게 할 수 있는 가장 기초적인 경제 교육 가운데 하나는 개인적으로 돈을 빌려주고 빌리는 것에 관해서다. 어른들도 살다 보면 누군가에게 돈을 빌려주기도 하고, 은행에서 대출을 받기도 한다. 아이가 성인이 되어서도 숱하게 경험할 일이다. 어쩌면 돈을 빌려주고 받을 수 없는 억울한 일이 생길지도 모른다. 특히 친구에게 그런 일을 당하면 더 가슴이 아프다. 따라서 돈을 빌려주거나 받는 일에 대해 분명히 교육해야 한다.

생선장수는 친구 랍비에게 5루블 정도는 빌려주고 싶었다. 하지만 이때 랍비는 '자신의 처지'를 생각했다. 자신이 어느 정도 여유가 있다면 빌려줄 수도 있지만, 자신도 곤궁한 상황에서 남에게 돈을 빌려주는 것은 어리석인 일이라고 생각한 것이다. 이렇듯 돈을 빌려줄 때도 자신만의 명확한 기준이 있어야 한다는 점을 아이에게 알려주어야 한다.

이야기를 통해 은행에 대한 정보를 가르칠 수도 있다. 은행은 돈을 보관하는 일만 하는 게 아니라 돈을 빌릴 수도 있는 곳이며, 다양한 재테크 방법을 배우고 실천할 수 있는 공간이다. 은행을 효율적으로 이용하는 사람과 그렇지 않은 사람 간에는 차이가 있을 수밖에 없다. 따라서 한 번 정도는 아이와 함께 은행에 가서 공간을 체험해보고 은행의 역할에 대해 설명해주면 좋다. 은행을 통해서 '돈이 어떻게 돈을 벌어들이는가'에 대한 개념도 이해시킬 수 있다.

일반적으로 돈을 벌기 위해서는 상품이나 서비스를 제공해야 한다. 자신의 노동력을 팔아서 돈을 벌기도 한다. 그런데 은행은 '돈을 빌려주면서 돈을 버는 곳'이다. 즉 이자가 은행이 벌어들이는 수익에 절대적이다. '돈을 빌려서 쓰는 것에 대한 사용료'인 이자의 개념을 좀 더 명확하게 알려주자.

생각이 점화되는 부싯돌 질문

혹시 친구에게서 돈을 빌려달라는 말을 들어본 적이 있니? 그럴 때 어떤 감정이 들었어?

부싯돌 교육 내가 여유가 있다면 돈을 조금은 빌려줄 수 있지만, 나도 돈이 부족하면서 남에게 돈을 빌려주는 건 무리한 일이야. 그리고 돈을 빌리는 일은 가급적 하지 않는 게 좋아. 그 돈은 언젠가 갚아야 하는 빚이기 때문에 차라리 지금 좀 더 아끼고 참으면서 빚을 만들지 않는 게 좋단다.

하지만 나중에 사업을 한다면 돈을 빌리는 건 흔한 일이야. 사업을 하려면 상당한 돈이 필요하고 투자를 받거나 은행에서 돈을 빌려 충당해야 하거든. 은행에서도 돈을 빌려줘야 수익이 생기기 때문에 조건에 맞다면 기꺼이 돈을 많이 빌려주고 싶어 한단다. 하지만 남에게 빌린 돈은 언제나 부담스러운 법이니까 아껴서 사용하고 반드시 갚아야 해.
은행은 회사나 가게와는 다른 방법으로 돈을 벌어. 음식점에서는 음식을 팔아 돈을 벌고, 편의점에서는 라면이나 음료수를 팔아 돈을 벌지. 그런데 특이하게도 은행은 돈을 빌려주거나 보관하는 방식으로 돈을 벌어. 은행하고 친해지면 돈을 버는 방법도 많이 알 수 있어. 다양한 금융 상담도 받을 수 있고, 좋은 금융 상품을 추천받을 수도 있지. 돈을 많이 벌어 은행에 저축한다면 그 사람만을 위한 직원이 배정되기도 해. 'VIP 상담'이라고 하지. 그런 고객이 되면 돈 관리와 투자에 대해 더 많은 조언을 들을 수 있고 재산과 관련해 상담도 할 수 있단다.

현명한 인간관계가 돈을 부른다

인적 네트워크의 중요성

친구를 사귀는 이유는 무엇일까? 꼭 어려울 때 도움을 받기 위해서만은 아니지만, 살다 보면 누구나 서로가 서로에게 크고 작은 도움을 주고받는다. 물론 가까운 사이라 해도 도움은커녕 배신을 당할 수도 있다. 아직은 순수한 마음으로 친구를 사귀는 아이들도 역시나 힘든 일이 닥치거나 고민이 있으면 친구에게 의견도 듣고 서로 도움을 주고받기도 한다. 그러나 친하다고 해서 상대에게 지나치게 의존해서는 안 되고, 아주 친하지 않더라도 도움을 줄 수도 있다.

폐쇄적인 친구 관계가 아닌, 보다 열려 있는 넓은 인간관계를 지향하면 우리는 더 풍요로운 삶을 누리게 될 것이다.

아이에게 들려주는 이야기

옛날 어떤 왕이 백성 중 한 명에게 곧 입궁하라는 명령을 내렸어. 그 사람은 왕이 자신을 왜 부르는지를 몰랐고, 혹시나 자신이 무슨 잘못을 저지른 건 아닌지 걱정이 앞섰어. 그래서 친구에게 같이 가달라고 부탁하기로 했지. 그에게는 세 명의 친구가 있었는데, 그중 한 명과는 아주 친했고, 두 번째 친구와는 첫 번째 친구처럼 그렇게 친하지는 않았지만 가까운 친구라고 생각하는 관계였어. 세 번째 친구와는 친구 사이이기는 했지만 그다지 가까운 사이는 아니었지.

남자는 평소 제일 친하게 지냈던 친구에게 사정을 이야기하고 궁에 같이 가달라고 부탁했어. 그런데 이게 웬일이지? 친구가 그 부탁을 냉담하게 거절하는 거야. 할 수 없이 남자는 두 번째로 친하다고 생각했던 친구에게 부탁했어. 두 번째 친구는 이렇게 말했지.

"왕궁 문 앞까지만 같이 가주겠네."

실망한 남자는 세 번째 친구에게 가서 사정을 이야기했어. 그런데 평소에는 대단치 않게 생각했던 세 번째 친구의 반응이 의외였어.

"같이 가세. 자네는 아무 잘못도 저지르지 않았으니 걱정 말고 나와 함께 임금님을 만나러 가세."

가장 친했던 친구가 냉담하게 부탁을 거절한 이유를 구체적으로 알 수는 없다. 중요한 점은 '아무리 친해도 나를 도와주지 않을 수도 있고, 또한 그런 일이 일어난다면 담담히 받아들여야 한다'는 점이다. 야속한 말이지만 현실적인 조언이다. 아이들도 머지않아 이런 일을 겪게 될 것이다. 만약 그런 일이 일어나더라도 마음의 상처를 너무 크게 받지 않아야 하기 때문에 미리 인간관계의 속성에 대해 아이에게 알려주는 것도 경제 교육의 하나다. 물론 이야기에서처럼 별로 마음에 두지 않았던 사람에게 뜻밖의 도움을 받을 때도 있다. 그러니 평소에 폭넓은 인간관계를 가지는 것이 얼마나 중요한지도 함께 알려주어야 한다.

'공동체'란 '확장된 나'이기도 하다. 유대인이 강한 공동체 의식을 갖는 이유도 상대방을 보면서 그가 '나'일 수 있음을 전제하고 있기 때문이다. 그렇게 서로가 서로를 모두 '나'라고 생각하면 결속력도 강해지고 진정한 의미의 공동체가 만들어진다. 어른들의 인간관계는 때로 경제적 관계로 전환되기도 한다. 즉 서로 정보를 나누면서 경제적으로 도움받는 관계가 되는 것이다. 그런 점에서 아이의 친구 관계에 대해서 한번 되짚어보고, 폭넓은 관계를 가질 수 있도록 도와주는 것이 중요하다.

누군가를 도와주는 것을 '투자'의 개념으로 바라보는 것도 중요하다. 물론 순수하게 도와주는 마음도 좋지만, 원하든 원하지 않든 도움받은 사람은 반드시 그것을 되갚고 싶은 마음이 생기게 마련이다. 그런 점에서 누군가를 돕는 일은 내가 기대했던 투자는 아니더라도 현실적으로는 투자가 된다. 사심 없이 누군가를 도왔는데 뜻밖에도 그에 대한 보답을 받는다면 서로에게 좋은 일이다. 다만 그런 보답을 기대하고 누군가를 돕는 건 바람직하지 않다.

도움을 주고받는 것에 대한 이런 현실적인 논리를 알려주면 아이들의 경제 개념을 조금 더 단단히 다질 수 있을 것이다.

생각이 점화되는 부싯돌 질문

'친구 사이'란 어떤 것일까? 혹시 친구 사이에 거절을 당해본 적이 있니? 있다면 그때 기분은 어땠어?

부싯돌 교육 서운했겠지만 그렇다고 친구를 원망하지는 말자. 친구도 남들이 모르는 어쩔 수 없는 사정이 있어서 거절했을 수도 있잖아. 중요한 건 친구라고 해서 꼭 도와주어야 할 의무는 없다는 점이야. 물론 그렇게 해주면 고맙지만 그렇게 해야 한다는 의무는 없어.

누군가가 너를 도와준다면 어떨까? 특히 네가 평소에 친하지 않다고 생각했던 친구라면?

부싯돌 교육 많이 고맙고 '나도 저 친구가 어려움에 처하면 꼭 도와줘야지'라는 생각이 들 거야. 이렇게 누군가에게 도움을 준다는 것은 미래에 받을 수 있는 도움에 미리 투자하는 것과 비슷해. 물론 처음부터 그런 걸 계산하고 도움을 준다면 순수하지 못한 도움이 되겠지만 결과적으로 보답이 되어 돌아올 때가 많단다.

친구를 만들기 위해 노력해본 적이 있니?

부싯돌 교육 비록 '친한 사이'라고 말하지는 않더라도 보다 폭넓은 친구관계를 가지려고 노력하는 것은 분명 좋은 일이야. 많은 사람을 알아두면 언젠가는 서로에게 도움이 될 수 있거든.

돈을 빌려줄 때의 마음가짐

돈을 빌려주거나 받는 과정에서 생기는 서로 간의 감정에 관해 이야기해보자. 개인적으로 돈을 빌려주고 받는 것은 상거래의 개념이 아니다. 상대와 얼마나 친한가, 친하지 않은가에 관한 문제다. 그런데 만약 돈을 빌려주었다가 받지 못하면 감정적으로 상처가 남고, 상대방에게 화가 나기도 한다. 돈을 빌린 사람에게도 말 못할 감정이 생긴다. 돈을 빌려달라는 말을 꺼내는 것 자체가 부끄럽고 민망

한 일이기 때문이다.

아이에게 들려주는 이야기

정직한 사람 루벤이 시몬에게 돈을 조금 빌려달라고 부탁했어.
시몬은 주저하지 않고 돈을 주며 이렇게 말했지.
"이 돈은 내가 자네에게 주는 선물일세. 그러니 돈은 갚지 않아도 되네."
루벤은 이 말에 수치심과 당혹감을 느끼고 다시는 시몬에게 돈을 빌리지 않았어.

루벤은 정직한 사람이기 때문에 돈을 빌리고 갚지 않을 리 없다. 그런데 시몬은 뜻밖에도 돈을 돌려받을 생각을 하지 않고 '선물'이라고 말했다.

이때 루벤은 왜 수치심과 당혹감을 느꼈을까? 루벤은 '이 친구가 나를 못 믿는 것인가?'라고 생각했을지 모른다. 자신은 늘 정직했기 때문에 당연히 돈을 갚으리라 생각하고 돈을 빌려달라고 말했는데, 루벤은 그를 믿지 못하고 '그냥 너 가져'라는 의미에서 선물로 준다고 표현했다고 생각했을 수도 있다. 어쩌면 돈을 빌려주는 시몬의 태도에 문제가 있었을 수도 있다. 반면에 시몬이 돈 때문에 힘들어하는 친구를 위해 진심으로 선물로 주고 싶었는지도 모른다. 그럼에도 불구하고 '돈을 선물로 받는다'는 것은 특별한 경우가 아니라면 있을 수 없는 일이다. 즉 시몬이 아무리 선의로 돈을 선물로 주었다 하더라도 루벤의 입장에서는 왜곡해서 해석할 수 있다.

한편으로는 시몬이 조금 더 현명했더라면 어땠을까 하는 생각도 든다. 돈을 빌려주면서 '내 친구 루벤이 돈을 못 갚아도 상관없어. 그렇게 된다 하더라도 선물로 주었다고 생각하고 잊어버려야지'라고 혼자 생각했다면 더 좋았을 것이다. 돈을 빌려주면서 굳이 선물로 주겠다고 선언할 필요가 있을까? 루벤에게 "응, 알았어. 빌려줄게"라고 말한 뒤, 나중에 루벤이 돈을 못 갚았을 때 "괜찮아. 너에게 선물로 줬다고 생각할게"라고 말했으면 어땠을까? 그랬다면 루벤은 쓸데없는 추측과 오해를 하지 않고 시몬에게 깊은 고마움을 느꼈을 것이다.

돈을 빌려주거나 빌리는 과정에서 생기는 이런 감정적인 문제도 경제 교육 가운데 하나다. 이런 일은 일상에서 얼마든지 생길 수 있다. 실제로 지역에서 돈이 좀 있는 지인은 "돈 빌려달라는 사람이 너무 많아서 그걸 피하는 게 일이다"라고 푸념하기도 한다.

생각이 점화되는 부싯돌 질문

혹시 누군가에게 돈을 빌려주면서 '못 받을지도 몰라'라는 생각을 해본 적이 있니?

부싯돌 교육 물론 돈을 빌려주었다면 당연히 돌려받아야 해. 그래야 친구관계도 계속 유지될 수 있어. 그런데 현실적으로는 그렇지 못할 수도 있어. 그래서 '친한 친구에게 돈을 빌려줄 때에는 선물로 준다고 생각하라'라는 말이 있는 거야. 물론 아주 큰돈을 이런 생각으로 빌려줘서는 안 되겠지. 내가 감당할 수 있는 선에서는 생색 내지 말고 '못 받을 수도 있는 돈이다'라고 마음의 준비를 하는 게 좋아. 그렇게 생각했는데 친구가 돈을 갚으면 더 기쁜 일 아니겠니?

친한 사람이라면 돈을 선물로 주어도 된다고 생각해?

부싯돌 교육 아무리 친한 사이라고 해도 돈을 선물로 주어서는 안 돼. 아무리 좋은 마음으로 주었다고 해도 상대방은 오해할 수도 있거든. 친구는 '재 왜 그래? 내가 돈이 없어 보여서 그러는 건가?'라고 생각하면서 자존심에 상처를 입을 수도 있어.

부자로 사는 삶의 태도

진정한 부자로 살아가려면

아이를 오로지 부자로 만들기 위해 경제 교육을 하는 건 아니다. 설령 부자가 된다 하더라도 '부자의 문제점'까지 명확하게 알고 있어야 진정한 부자가 될 수 있다. 이러한 교육 없이 부자가 되면 가난한 사람을 업신여기는 사람이 될 수도 있다.

한번 부자가 되었다고 영원히 부자로 살지 못한다는 점도 명심해야 한다. 부자에게도 언제든 위기가 올 수 있으며, 그 위기를 극복하기 위해서는 끊임없이 공부하고, 탐구하고, 실력을 키워야 한다는 점을 알려주어야 한다. 부자가 되는 것은 운이 아니라 실력이라는 점을 확실하게 깨달아야 한다.

화려하고 거대한 배에 사람들이 올라탔어. 배에 탄 사람들은 하나 같이 엄청난 부자로 보였지. 모두 반짝반짝 빛나는 귀한 목걸이를 두르고, 손목에는 비싼 시계를 차고, 손가락에는 금반지를 끼고 있었어. 입고 있는 옷도 무척이나 화려하고 값비싼 것들이었지. 그런데 그들 가운데 한눈에 보기에도 가난해 보이는 한 청년이 있었어. 부자들은 그 청년을 힐끔힐끔 쳐다보며 비웃었어.

"저 녀석은 도대체 뭐야. 우리 같은 부자와는 어울리지 않아."

"그러게 말이야. 자기도 주제를 아니까 구석에 있는 거겠지."

청년을 보며 키득거리던 부자들은 이제 서로 자기가 제일 돈이 많다고 뽐내기 시작했어.

"우리 집에는 아주 값비싼 황금 두꺼비가 있네. 그걸 팔면 집을 스무 채는 넘게 살 수 있을 거야."

"우리 집에는 수영장이 있다네. 여름에 한번 놀러오게."

"수영장은 우리 집에도 있네. 자네들, 자동차는 몇 대나 있나? 우리 집은 자동차가 무려 30대나 있네. 나는 매일 다른 차를 타고 다니지."

부자들이 서로 잘난 척을 하는 사이, 언제 다가왔는지 청년이 부자들에게 불쑥 한마디를 건넸어.

"여러분보다 제가 더 부자입니다. 그렇지만 지금 당장은 제 재산을 보여줄 수 없습니다."

부자들은 크게 웃으며 청년을 무시했어. 그런데 그때, 무시무시한 해적들이 배를 습격하기 시작했어. 해적들은 부자들의 금반지며 돈이며 모두 빼앗아 갔지. 부자들은 한 순간에 빈털터리가 되고 말았어.

마침내 배가 어느 낯선 도시에 닿았을 때, 부자들은 당장 먹을 음식도, 입을 옷도 없어서 배고픔과 추위에 떨어야만 했지. 거기다가 늘 놀고먹는 데 익숙해서 일을 할 줄도 몰랐어. 결국 부자들은 도시에서 가장 가난하고 비참한 거지가 되고 말았어.

하지만 청년은 달랐어. 평소 공부를 열심히 한 청년은 학식과 교양이 풍부해서 학교에서 아이들을 가르치는 선생님으로 일할 수 있었어. 열심히 일해서 돈을 번 청년은 먹을 걱정 없이 생활하면서 근사한 집까지 장만했지.

그러던 어느 날, 청년은 거리에서 허름한 옷차림으로 구걸하는 사람들을 만났어. 배 위에서 만난 부자들이었지. 그들 중 한 명이 청년을 보며 말했어.

"그때 당신이 왜 우리보다 부자라고 했는지 이제야 깨달았소. 나도 진작에 공부 좀 할걸…."

마음이 너그러운 청년은 그들을 외면하지 않고 도와주었단다.

사람들에게 부자는 오만하고 건방진 이미지로 비추어진다. 그런 사람들이 실제 존재하기도 하거니와, 그런 모습이 뉴스나 드라마, 영화에 수없이 등장하기 때문이다. 부자면 부자지 타인을 무시할 권리는 없다. 나에게 불편한 곳이 없다고 해서 장애인을 무시할 이유도 없으며, 내가 전문직종에서 일한다고 해서 육체노동자를 하찮게 볼 까닭도 없다. 각자가 가진 능력을 발휘하면서 경제적 자유를 누리면 된다. 부자가 가난한 사람 앞에서 오만하게 굴거나 그들을 경멸하고 무시하는 것은 나쁜 인성을 가졌기 때문이다. 따라서 경제 교육을 할 때에는 반드시 인성 교육도 함께 해야 한다.

이 이야기는 '진정한 부자란 무엇인가?'에 대한 질문을 던진다. 물론 지금 당장 돈이 많은 것도 부자지만, 그 어떤 위기가 닥쳐도 스스로의 힘으로 위기를 극복하고 자신의 삶을 꾸려갈 수 있는 실력을 가진 사람이 진짜 부자다. 옷차림이 추레하고 볼품없어 부자들에게 비웃음을 당하던 청년은 '먹을 것 걱정 없이 생활하고 근사한 집까지 장만'한 당당한 사회인이 되었다.

부자의 기준은 다양하다. 청년처럼 먹을 걱정 없이 사는 삶이 부자의 기준일 수도 있고, 금은보화가 많아야 부자라고 생각하는 사람도 있을 것이다. 아이와 '부자의 기준'에 대해 이야기를 나누어보자. 사치할 만큼 돈이 많은 사람도 부자지만, 그보다는 경제적으로 누군가에게 예속되지 않고 편안하고 자유롭게 살 수 있는 것만 해도 충분한 부자의 조건이다.

생각이 점화되는 부싯돌 질문

비싼 옷을 입고 비싼 차를 몰고 다닌다고 해서 부자일까? 겉모습이 가난하다면 그 사람은 정말 가난한 사람일까?

부싯돌 교육 돈이 많으면 당연히 옷과 차에 투자하게 될 거야. 하지만 부자라고 모두 그렇지는 않아. 돈이 많아도 검소하게 사는 사람도 있고 기부를 많이 하는 사람도 있어. 그러니까 겉모습만 보고 부자인지 아닌지 판단해서는 안 돼.

한번 큰돈을 벌어 부자가 됐다면 평생 그렇게 부자로 살아갈 수 있을까?

부싯돌 교육 살다 보면 누구나 뜻밖의 상황을 만난단다. 많은 돈을 벌 수도 있지만, 반대로 많은 돈을 잃을 수도 있지. 과거에는 크게 성공했지만, 지금은 모든 돈을 잃고 힘들게 살아가는 사람들도 있어. 중요한 것은 위기가 닥쳤을 때 그 위기를 극복할 수 있는 힘을 가지고 있느냐는 점이야. 그 위기를 이겨낼 수 있으면 또다시 성공을 위해 달려 나갈 수 있잖아. 하지만 그런 힘이 없다면 설령 부모님으로부터 아무리 많은 돈을 물려받아도 별 소용이 없어. 부자로 살기 위해서는 언제 닥쳐올지 모를 위기에 대비하면서 실력을 쌓아야 한다는 걸 잊으면 안 돼.

특혜를 거절하는 정직한 자세

'정직'은 삶을 살아가는 데 무척 중요한 덕목이다. 특히 경제활동을 할 때에는 더욱 중요하다. 올바르지 못한 경제 행위는 타인에게 큰 피해를 입히고 당사자를 곤경에 빠뜨리기도 한다. 뒷거래, 이중계약, 특혜 등이 모두 여기에 포함된다. 유대인은 돈의 중요성을 교육할 때 정직함에 대해 각별히 강조한다. 자칫 돈의 유혹에 빠져 부정직한 태도를 취하면 큰 위험에 닥칠 수도 있기 때문이다.

가끔 우리는 내가 특혜를 받거나 다른 사람에게 특혜를 주고 싶다는 욕망에 빠지곤 한다. 그러나 그런 순간의 유혹을 이겨내지 못하면 정직한 경제 행위는 이루어지지 않고 건강한 사회를 만드는 데에도 걸림돌이 된다.

아이에게 들려주는 이야기

한 유대인의 친구가 큰 병에 걸려서 몸이 점점 쇠약해지고 있었어. 특별한 약을 쓰지 않으면 회복될 수 없는 지경까지 가고 말았지. 그런데 설상가상으로 그 병에 쓸 약은 여간해서 구하기 어려웠어. 하지만 무엇이든 시도해보고 싶었던 환자의 가족들은 유대인 친구를 찾아가 부탁했어.

"당신은 저명한 교수와 훌륭한 의사들을 많이 알고 있습니다. 어떻게 해서든 그 약을 구해주시길 간절히 부탁드립니다."

유대인은 아는 의사를 찾아가 사정을 이야기했어. 의사는 이런 이야기를 들려주었지.

"만약 내가 그 약을 당신에게 준다면 차례를 기다리고 있던 다른 사람이 그 약을 구하지 못합니다. 그렇게 되면 그는 죽을지도 모르죠. 그래도 그 약을 원하십니까?"

유대인은 생각할 시간을 달라고 말한 뒤 깊은 생각에 빠졌어.

'만약 한 사람을 죽이면 내가 살 수 있고, 그 사람을 죽이지 않으면 내가 죽는 경우 나는 어떻게 해야 할까? 내 목숨을 구하기 위해 다른 사람을 죽여서는 안 되지 않을까? 어떻게 나의 피가 상대방의 피보다 더 진하다고 할 수 있겠는가.'

결국 유대인은 가족의 요청을 거절하고 약을 구하지 않기로 했어. 결국 약을 먹지 못한 친구는 세상을 떠났지. 그래도 또 다른 누군가가 그 약으로 생명을 이어갈 수 있다는 사실에 유대인은 자신의 결정을 후회하지는 않았어.

사람의 생명이 달린 극한의 상황에 처했을 때, 우리는 과연 정직할 수 있을까? 과연 이런 상황에서도 우리에게 주어진 특혜를 거부하고 정직함을 지켜나갈 수 있을까? 가장 원칙적이고 도덕적인 답은 '내 친구가 죽는다 해도 특혜를 받아 약을 구할 수는 없다'일 것이다. 감정적으로는 큰 상처를 입고 누군가에게 비난을 받을 수도 있지만, 그것이 정직한 태도임은 분명하다. 우리는 이러한 자세를 거래와 비즈니스에서도 고스란히 적용해야 한다.

히브리 대학교의 법학부장이었던 아브라함 라비노치 교수는 비즈니스의 10계 정신을 이렇게 정리했다.

1. 진실을 중시한다.
2. 신의를 지키고 이중계약을 하지 않는다.
3. 안일한 보증이나 계약을 하지 않는다.
4. 노동 후의 휴식이 창조로 이어진다.
5. 창조주에게 경의를 표하고 어른을 공경한다.
6. 인명을 존중하고 다른 사람의 복지에 관심을 갖는다.
7. 뒷거래를 하지 않는다.
8. 절도 금지
9. 위증 금지
10. 남의 소유물 선망 금지

이 이야기는 10계 중에서 7계에 해당한다. 다른 사람이 차례를 기다리고 있는 약을 선망했다는 점에서는 10계에도 해당한다. 물론 사람은 위급한 상황에 처하면 교육받은 대로만 행동하기 어렵다. 그럼에도 우리는 분명히 알아야 한다. '정직'은 삶의 가장 훌륭한 태도라는 것을 말이다. 부모 입장에서도 아이에게 '정직'에 관해서는 단호한 입장을 취해야 한다. 정직하지 못한 사람은 누구에게든 존중받을 수 없다. 당장은 이익을 얻을지 모르지만 결국엔 얻은 만큼 잃는다.

생각이 점화되는 부싯돌 질문

만약 이런 상황에 처했다면 어떻게 해야 할까? 그래도 친구의 부탁인데 들어주어야 한다고 생각했을까?

부싯돌 교육 가까운 사람의 부탁을 거절하는 일은 정말 힘든 일이야. 하지만 그 부탁을 들어줌으로써 누군가에게 피해를 입힌다면 그런 부탁은 거절할 줄도 알아야 해. 정직하지 못한 일은 절대 용납할 수 없다는 태도를 처음부터 견지하면 부당하거나 부정직한 부탁을 하는 사람도 없을 거야.

차례를 기다리고 있는 사람을 제치고 내가 무엇인가를 먼저 얻는 것을 '특혜'라고 하는데, 만약 이런 특혜가 만연하다면 우리 사회는 어떻게

될까?

부싯돌 교육 매우 혼란스러워지고 부정직한 사회가 될 거야. 그러니까 우리는 이런 특혜를 거부하고 정직한 사회를 만들어나가도록 애써야 해. 당장은 자신에게 손해 같아 보일지도 모르지만, 길게 봤을 때는 정직함에 대한 보상을 받게 되어 있단다.

특혜를 달라고 부탁하는 경우가 아니라, 만약 누군가가 특혜를 주겠다고 하면 어떻게 해야 할까? 특혜를 달라고 부탁하지 않았으니 그냥 받아도 될까?

부싯돌 교육 모든 특혜에는 대가가 따른다는 걸 명심해야 해. 정당하게 기회를 얻지 않으면 언젠가는 반드시 그에 대한 대가를 치러야 하고, 대가를 치르려다 보면 문제가 생길 수도 있어. 그러니 특혜는 애초에 원하지도 않아야 하고, 그런 기회가 와도 거절할 줄 알아야 해.

인내하는 자에게만 찾아오는 달콤한 결실

'인내심'은 돈을 모아 불리고 사업을 키울 수 있는 매우 중요한 덕목이다. 아무리 많은 돈을 벌어도 그것을 지킬 수 있는 인내심이 없으면 돈은 금방 사라지고, 초창기에 잘되던 사업도 더 큰 성공을 거두기 힘들다. 사실 돈을 버는 것 자체가 이미 인내심의 토대 위에 있다. 아이의 눈에는 부모의 지갑에서 돈이 쉽게 나오는 것 같지만, 그렇게 되기 위해 부모는 수많은 것을 인내하면서 견디고 있다. 아이가 장기적인 관점으로 돈을 벌 수 있도록 인내심을 키워주는 일은 경제 교육에서 매우 중요한 일이다.

아이에게 들려주는 이야기

한 노인이 정원에서 묘목을 심고 있었어. 마침 그곳을 지나가던 나그네가 물었지.

"어르신, 어르신은 언제쯤 그 나무에서 열매가 열린다고 생각하십니까?"

노인이 대답했어.

"아무래도 70년은 지나야겠지요."

나그네는 그런 노인이 가소로웠어.

"어르신이 그렇게 오래 사실 수 있을까요?"

노인이 대답했지.

"아니요, 그렇지는 않습니다. 내가 태어났을 때, 과수원 가득 과일이 주렁주렁 매달려 있었지요. 내가 태어나기 전에 할아버지가 나를 위해 묘목을 심었기 때문입니다. 나는 그 옛날 내 할아버지가 했던 것처럼 똑같은 일을 하고 있을 뿐입니다."

나그네는 단기적인 관점을, 노인은 장기적인 관점을 가졌다. 나그네는 '살아 있는 나에게 도움이 되느냐, 되지 않느냐'가 행위의 기준이지만, 노인은 '내가 태어날 때 무엇을 가지고 있었는가?'가 행위의 중요한 판단 기준이었다. 그는 자신이 태어나기 이전부터 자신을 위한 환경이 조성되어 있고, 선조들의 오랜 노력의 결실로 태어났을 때부터 무언가를 가질 수 있었음을 감사히 여기고 있었다. 물론 이 이야기를 '자신이 받은 혜택을 후대에 남겨주기 위한 노인의 노력'으로 해석할 수도 있다. 하지만 그 바탕에는 하나의 결실과 혜택(경제적 성과)을 누리려면 매우 오랜 시간이 걸린다는 점이 전제된다.

부모의 월급이 단지 '한 달간 열심히 일한 노력의 결과'에 불과한 건 아니다. 성인이 되기까지 최소 12년의 학창시절을 보냈고, 경력을 쌓기 위해 수년간 한 분야에서 능력을 갈고 닦아야 얻는 결실이다. 이 모든 시간과 경험과 노력이 모여 '이번 달의 월급'으로 결실을 맺은 것이다. 즉 당장 눈에 보이는 '돈'에는 그것이 만들어지기까지의 '시간'이 쌓여 있다.

아이가 이런 장기적인 관점, 그리고 그 안에 새겨진 인내심을 보지 못한다면 돈 버는 것을 매우 쉽게 생각하고, 돈의 가치를 제대로 느끼지 못한다. 특히 요즘에는 유튜버들이 큰돈을 번다는 소식이 전해지면서 아이들은 '인터넷 방송만 잘해도 돈을 벌 수 있다'고 쉽게 생각한다. 방송을 잘하려면 오랜 경험과 역량과 노력이 쌓여야 하는

데도 말이다. 노인과 나그네의 이야기를 통해 '시간의 두께'가 가지고 있는 인내의 시간을 알려주자.

생각이 점화되는 부싯돌 질문

경제적으로 부유해지기까지는 얼마나 많은 시간이 필요한지 생각해본 적 있어?

부싯돌 교육 생각보다는 꽤 많은 시간이 걸리고, 그 과정에서 인내심도 필요해. 돈을 벌고 싶다고 해서 쉽게 벌 수도 없어. 정상적으로 돈을 벌기 위해서는 한 분야에서 오랫동안 능력을 갈고닦아야 해. 그래야 비로소 원하는 분야에서 돈을 벌 수 있어. 엄마 아빠도 마찬가지야. 공부하는 학창시절을 겪었고 신입사원 시절도 거쳐야 했지. 그렇게 하고 나서야 비로소 돈을 벌 수 있어. 70년이나 걸려야만 열매를 맺는 묘목을 심는 노인의 이야기도 하나의 결실을 맺기 위해서는 오랜 시간이 걸린다는 사실을 가르쳐주고 있단다.

돈과 '좋은 관계'를 맺어라

사람과 돈 사이에도 특정한 '관계 형성'이 이루어져 있다. 둘이 너무

밀착되어 있으며 돈을 거의 쓰지 않고 남의 고통을 외면하면서 돈만 모은다. 반대로 돈이 주는 행복에 너무 빠지면 마음껏 즐기고 쓰고 탐닉하게 된다. 돈과 나의 가장 이상적인 관계는 자신과 타인의 행복을 위해 돈을 적당히 사용하면서 지나치게 탐닉하지 않고 미래를 위해 저축하는 태도다. 같은 돈이라도 관계의 성격이 전부 다른 이유는 돈에 대한 태도와 생각이 사람마다 다르기 때문이다.

아이에게 들려주는 이야기

평화롭게 항해하고 있던 배 한 척이 갑작스런 폭풍우로 항로를 벗어나고 말았어. 다음 날 아침이 되자 바다는 다시 고요해졌고, 배는 아름다운 섬의 해안에 닿아 있었어. 선장은 그곳에 닻을 내리고 잠시 쉬기로 했지. 그 섬에는 아름다운 꽃들이 아주 많이 피어 있었고, 맛있게 보이는 과일들이 탐스럽게 열려 있었어. 시원하게 드리운 나무숲 위로는 온갖 새들이 즐겁게 노래하고 있었지. 배에서 내린 승객들은 자연스레 다섯 개의 그룹으로 나뉘어졌어.

첫 번째 그룹은 자기들이 섬에 상륙해 있을 동안 바람이 불어 배가 다시 떠나가 버릴지도 모른다는 걱정에 다시 배로 돌아갔어.

두 번째 그룹은 섬을 돌아다니며 향기로운 꽃향기를 맡고 푸른 나무 그늘 아래에서 맛있는 과일을 따먹고는 기운을 회복한 뒤

곧바로 배로 돌아왔어.

세 번째 그룹은 섬에 너무 오래 머문 탓에 때마침 순풍이 불어 배가 출항하려 할 때에야 급히 배에 올라탔어. 그 바람에 소지품을 잃어버리거나 좋은 자리를 빼앗기고 말았지.

네 번째 그룹은 바람이 불기 시작해 선원들이 닻을 끌어올리는 것을 보긴 했지만, 아직 돛도 올리지 않은 데다 설마 선장이 자기들만 남기고 떠날까 싶은 마음에 오래도록 섬에 남아 있었어. 그러다 정말로 배가 항구를 떠나려는 것을 보고서야 허둥지둥 헤엄쳐 배에 올라탔지.

마지막 다섯 번째 그룹은 섬 안으로 깊숙이 들어가 맛있는 과일을 배불리 먹고 아름다운 섬의 경치에 도취되어 있었기 때문에 배가 출항할 때 울리는 종소리도 듣지 못했어. 결국 그들은 숲속에 사는 맹수에게 물려 죽거나 독이 든 과일을 먹고 모조리 죽고 말았어.

돈이 가진 힘이 워낙 막강하기에 돈과 어떻게 관계를 설정할 것인지에 대한 기념이 없으면 아이들은 돈을 무비판적으로 받아들인다. 돈의 효용성과 돈이 주는 즐거움은 당연히 알아야 하지만, 그와 더불어 과도하게 돈에 탐닉하면 어떤 결과를 빚는지도 알아야 한다. 이야기 속 다섯 개 그룹은 돈을 대하는 사람들의 태도를 상징한다.

가장 이상적인 형태는 두 번째 그룹이다. 돈이 주는 즐거움과 행복감을 알지만 절제할 줄 아는 태도다.

얼마만큼 돈의 쾌락에 빠지느냐에 따라 '좋은 자리'를 빼앗길 수도 있고, 헤엄치는 수고로움을 겪을 수도 있으며, 어쩌면 죽임을 당할 수도 있다. 돈의 즐거움에 너무 빠지면 방탕하고 오만해져 친구를 잃거나 심지어 가족까지 등을 돌리기도 한다.

돈에 대한 태도는 어릴 때부터 부모로부터 배운다. 부모가 평소에 돈을 대하는 태도가 고스란히 아이의 잠재의식에 남아 어른이 되어 발현되는 것이다. 물론 부모와는 다르게 살고 싶다는 의지가 있다면 다른 삶을 살겠지만, 설령 그렇다고 하더라도 어릴 때 자신의 무의식에 남아 있는 부모의 행동이 완전히 사라지기는 힘들다.

중요한 기준은 '합리성'이다. 돈을 아낄 때는 아끼는 합리성, 즐거움을 누릴 때는 누리는 융통성이 있어야 한다.

생각이 점화되는 부싯돌 질문

돈은 언제 써야 하고 언제 쓰지 않아야 하는지 기준이 있니? 배가 고프지 않은데 맛있는 음식이 있다고 또 돈을 쓰는 것에 대해서 어떻게 생각해? 멀쩡한 신발이 두 개나 있는데 다른 신발이 예쁘다고 또 사는 건 어때 보이니?

부싯돌 교육 돈은 우리에게 많은 즐거움을 주지. 하지만 돈을 사랑하다 못해 돈에 애착이 생기면 돈은 우리에게 고통을 준단다. 돈에 관해 너무 인색하게 굴면 주위 사람들이 하나둘 떠나가고 존경받는 어른이 될 수도 없어. 반대로 너무 돈을 많이 쓰면 이용하려는 사람이 생길 수도 있겠지. 유대 속담에 이런 말이 있어. "달콤한 과일에는 그만큼 벌레가 많고, 재산이 많으면 근심도 많다." 우리를 행복하게 해주었던 돈이 어느 순간 걱정거리가 될 수도 있다는 의미야. 돈은 우리에게 많은 도움을 주지만 어떻게 쓰고, 어떻게 대하느냐에 따라 모습이 참 많이 달라질 수도 있다는 점을 명심해야 해.

전화위복, 마법 같은 인생

어른들은 살면서 많은 경험을 하기 때문에 '새옹지마(塞翁之馬)'라는 말의 의미를 충분히 알고 있다. 나쁜 일이 좋은 일이 될 수도 있고, 그 반대가 될 수도 있다는 뜻이다. 하지만 아직 경험이 부족한 아이들은 생각의 전환이 익숙하지 않고, 자신에게 닥친 어려움을 그대로 받아들여 실망하거나 좋은 일이 생겼다고 막연하게 희망에 부풀기도 한다. 사고의 확장을 위해 '관점의 전환'에 대해서도 알려주어야 한다. 특히 나중에 경제활동을 할 때 관점의 전환은 절실하게 필요하다. 주어진 장애나 난관 속에서도 그것을 이겨나갈 의지를 갖고, 희망이 보이더라도 노력을 멈추지 않는 자세가 필요하다.

아이에게 들려주는 이야기

랍비 아키바가 여행을 하고 있었어. 그는 당나귀와 개, 그리고 작은 램프를 가지고 있었지. 어느덧 해가 저물어 밤이 되자 아키바는 오두막 한 채를 발견하고 그곳에서 잠을 청하기로 했어. 하지만 잠을 자기에는 아직 이른 시간이라 램프에 불을 밝히고 책을 읽기 시작했지. 그런데 갑자기 바람이 불어와 램프의 불이 꺼져버렸지 뭐야. 그는 할 수 없이 잠을 자기로 했어.

그런데 그날 밤, 아키바가 잠든 사이에 이리가 나타나 그의 개를 물어 죽였고, 사자가 나타나 당나귀를 죽여버렸지.

다음 날 아침이 되자 아키바는 램프 하나만 들고 쓸쓸히 길을 떠났어. 걷다가 한 마을에 도착했는데 도무지 사람이라곤 찾아볼 수 없었지. 한참 후에야 그는 지난 밤 도적들이 들이닥쳐 마을을 파괴하고 사람들을 몰살시켰다는 사실을 알게 됐어.

만약 전날 밤에 램프가 바람에 꺼지지 않았더라면 아키바도 도적들에게 발견되어 목숨을 잃었을지도 모를 일이었던 거야. 개가 살아 있었다면 개 짖는 소리 때문에 도적들에게 발견될 수 있었을 테고 말이야. 당나귀 역시 분명히 소란을 피웠을 거야.

하지만 모든 것을 잃어버린 덕분에 그는 도적에게 발견되지 않았고 목숨을 부지할 수 있었지. 랍비 아키바는 이렇게 말했어. "인간은 최악의 상황에서도 희망을 잃어서는 안 돼. 나쁜 일을 계기로 좋은 일이 생길 수도 있다는 걸 명심해야 해."

도적들이 마을 전체를 몰살했다는 사실을 알기 전까지 아키바는 일이 자기 마음대로 되지 않아 절망에 빠졌을 것이다. 가진 것을 모두 잃었기에 앞날이 막막했을 것이다. 그러나 나중에 그것이 얼마나 다행이었는지, 얼마나 자신에게 도움되는 일이었는지 깨달았다.

세상의 많은 성공은 상실감, 외로움, 불편함 속에서 움튼다. 인간은 자신이 처한 환경을 이겨나가려는 의지를 가진 존재이기 때문이다. 인간은 누구나 여러 난관에 부딪친다. 부모의 마음이야 아이가 고생 없이 순조롭게 살아가기만을 바라겠지만, 세상이 그렇게 순탄치만은 않다는 걸 부모가 더 잘 알고 있다.

아이가 자신이 처한 상황에 대한 관점 전환의 능력을 가지고 있다면 자신의 상황이 언제든 변할 수 있다는 확신을 가질 수 있고, 지금 당장 눈에 보이는 괴로움이 전부가 아니라는 사실을 알게 될 것이다.

생각이 점화되는 부싯돌 질문

당나귀와 개를 잃은 랍비 아키바의 입장이 되면 너는 어떤 감정이 들 것 같아? 그런 감정이 꼭 나쁜 것일까?

부싯돌 교육 살다 보면 좋은 일도 생기고 나쁜 일도 생겨. 마치 법칙처럼 말이야. 중요한 점은 그런 상황에 닥쳤을 때 상황을 어떻게 다루느냐에 따라 결과가 달라진다는 점이야. 하고 싶은 일이 잘 안 되더라도 계속해서 노력하다 보면 언젠가 난관을 이기고 더 큰 성과를 얻을 수도 있지만, 반대로 지금 당장 잘 되고 있다고 해서 게으름을 피우면 원했던 결과와는 다른 결과에 부딪칠 수도 있어. 물론 랍비 아키바는 자신의 의지대로 목숨을 구한 건 아니야. 운이 좋아 목숨을 건졌다고 생각할 수도 있지. 하지만 이런 운에 노력까지 더해진다면 아무리 어려운 상황이 닥치더라도 천하무적이 될 수 있겠지?

정직하고 떳떳한 소유

소유해야 할 합당한 이유가 있을 때에만 소유한다면 아마도 이 세상 범죄의 절반이 줄어들지 않을까? 거짓말이나 속임수가 사라지고 물건을 훔치거나 사기 치는 일도 없어질 것이다. 따라서 건강한 시민은 '정직한 소유'에 대해 확고한 개념을 가지고 있어야 한다. 내 물건이 아니라면 반드시 돌려주고, 설령 탐이 나거나 나에게 절실히 필요한 것이라도 정직하게 내 소유가 아님을 인정해야 한다.

아이에게 들려주는 이야기

옛날에 나무꾼 노릇을 하며 생계를 꾸려가는 랍비가 있었어. 그는 매일 산에서 마을로 나무를 날라야 했지. 그러던 중 오고 가는 시간을 줄여 《탈무드》를 더 열심히 공부하기 위해 당나귀 한 마리를 사기로 마음먹었어.

그리고 곧 시내의 아랍 상인에게 당나귀를 샀지. 제자들은 랍비가 당나귀를 샀기 때문에 더 빠르게 산과 마을을 왕래할 수 있을 것이라고 기뻐하며 냇가로 나가 당나귀를 씻기기 시작했어. 그런데 그때 당나귀 목에서 다이아몬드 하나가 떨어지지 뭐야. 제자들은 이제 가난한 랍비가 나무꾼 생활에서 벗어나 공부만 하면서 자기들을 가르칠 수 있겠다며 기뻐했어.

그런데 다이아몬드는 받아든 랍비는 시내로 돌아가 아랍 상인에게 다이아몬드를 되돌려주라고 제자들에게 명령했어. 그 말을 들은 제자 하나가 물었어.

"선생님이 산 당나귀인데 다이아몬드를 왜 돌려줍니까?"

그러자 랍비가 담담하게 말했어.

"나는 당나귀 한 마리를 샀지, 다이아몬드를 산 적은 없다. 내가 산 것만을 갖는 것이 정당하지 않느냐."

그러고는 결국 아랍 상인에게 다이아몬드를 되돌려주었어.

다이아몬드를 받은 아랍 상인이 물었어.

"당신은 당나귀를 샀고, 다이아몬드는 당나귀에 붙어 있었는데, 왜 저에게 다이아몬드를 주려고 합니까?"

랍비는 미소를 지으면서 이렇게 대꾸했지.

"유대의 전통에 따르면 자신이 산 물건 이외에는 아무 것도 가질 수 없습니다. 그러니 이것을 당신에게 돌려드립니다."

누군가에게 랍비는 너무 순진해 보일 수도 있다. 심지어 당나귀를 판 아랍 상인마저도 의문을 표하는데, 왜 굳이 다이아몬드를 돌려주느냐고 되물을 수도 있다. 그러나 랍비에게는 '애초에 내가 원해서 돈을 주고 산 것'이 아니라면 자신의 소유가 아니었다. 소유에 대한 확고한 자기 기준이 있었던 것이다.

애초에 소유 의식이 확고하지 않으면 사회생활을 하면서 점점 그 개념이 희미해질 수 있다. '혹시?'라는 생각이 드는 순간, 마음은 무모한 욕심으로 물들기 시작한다. 소유에 관해 처음부터 명확하고 철저한 개념이 서 있어야 어떤 일이 생겨도 자신의 소신이 무너지지 않는다.

생각이 점화되는 부싯돌 질문

길가에 돈이 떨어져 있는데 지켜보는 사람이 아무도 없으면 어떻게 할 것 같아? 가지고 싶어질까? 보는 사람이 없다면 가져가도 될까? 친구가 빌린 돈을 갚았는데 그만 착각을 해서 돈을 더 많이 돌려줬다고 가정해 보자. 500원만 받으면 되는데 700원을 준 거야. 물론 친구는 그 사실을 전혀 모르고 있지. 그럼 나머지 200원은 가져도 될까?

부싯돌 교육 남이 보든 안 보든, 친구가 알든 모르든 정말 중요한 건 나 자신에게 당당하느냐는 거야. 사람들은 모르겠지만 나 자신이 그런 행동을 했다는 사실을 알고 있으니. 아마 스스로에게도 당당하지 못할 거야. 그러니 내 것이 아니라면 절대로 손을 대지 않는 게 좋아. 누군가를 의도치 않게 속이는 경우가 생길 수도 있거든.

엄마 김금선과
딸 유니스의
부자 수업

경제 교육은 미래의 자산 가치를 위한 투자다

어렸을 적 부모님을 생각할 때 가장 먼저 떠오르는 건 책을 읽고 계시는 엄마와 신문을 읽고 계시는 아빠의 모습이다. 늘 책과 신문을 가까이하셨던 부모님이셨기에 우리 집은 항상 읽을 거리가 넘쳐나는 집이었다. 나는 물론이고 동생들도 학교에 갔다 오면 책상에 놓인 책과 신문을 집어 드는 것이 너무나도 자연스러운 일상이었다. 우리 삼남매는 그렇게 책과 신문을 통해서 자연스럽게 경제의 흐름을 접할 수 있었다. 아침마다 온 가족이 함께 밥을 먹을 때에도 신문 기사로 열띤 경제 토론을 벌이곤 했다. '은행의 역할은 무엇일까?' '최저임금은 무엇이고 최저임금이 올라갈 때 사회에는 어떤 영향을 미칠까?' '불경기가 닥치면 정부는 어떤 정책을 펼까?' '금리는 무엇이고 금리인하와 금리인상은 경제에 어떤 영향을 미칠까?'

고등학교 때는 경제 원리를 보다 집중적으로 이해해보고 싶다는 생각에 거시와 미시경제학 수업을 들었고, 경제 개념과 용어들을 하나씩 깨우치면서 온몸에 전율이 느껴지는 짜릿함을 맛보기도 했다. 대학에 가서도 돈의 흐름을 더욱더 집중적으로 공부해보고 싶어서 망설임 없이 경제학을 전공으로 택했다. 경제학은 한번 공부하면 평생 써먹을 수 있는 정말 유용한 학문이다. 지금 우리가 경제 주기의 어느 구간에 와 있는지 파악할 수 있고, 이 구간에서 정부는 어떤 정책을 펼 것인지 예상할 수 있으며, 그 정책에 따라 나의 자산을 어떻게 움직여야 하는지 판단할 수 있다.

경제 공부를 하면서 나는 세상에는 수많은 기회가 존재하고, 내가 그 기회를 포착하기 위해서 무엇을 해야 하는가를 깨달을 수 있었다. 지금 이 순간에 어느 지역으로 투자자들의 돈이 몰리고 있고, 어느 산업이 떠오르고 있으며, 어느 회사가 그 산업을 움직이고 있는지 읽을 수 있게 되었다. 이 관점은 내가 커리어를 택할 때도 큰 영향을 주었다. 이미 많이 성장해버린 선진국보다 아직까지 성장 가능성이 높은 개발도상국이 많은 동남아시아를 택했고, 사람들의 일상생활에서 꼭 필요한 온라인 쇼핑, 즉 이커머스에서 일하기로 결정했다. 그래서 동남아 이커머스 시장을 꽉 잡고 있는 라자다(Lazada)라는 알리바바(Alibaba)가 투자한 회사를 골랐다. 실제로 팬데믹 동안 여행, 관광 산업 등은 타격을 입었지만 이커머스는 날개를 달고 날아올랐다. 약 4년간 라자다에 근무하면서 동남아 물류, 결제, 마케팅 등 이커머스를 이루는 다양한 요소를 경험할 수 있었고, 지금은 신사업 부서에서 라자다의 다음 5년을 계획하고 있다. 시장성과 성장성을 기반으로 한 이 결정은 좋은 결정이었을까? 두말하면 잔소리일 정도로 훌륭한 결정이었다. 동남아시아가 가지고 있는 여러 지역적 문제를 풀기 위해 다양한 IT 기업들이 탄생했고, 이들은 벌써 기업가치 1조 원이 훌쩍 넘는 유니콘 기업으로 성장했으며, 앞으로 수년간 동남아시아 회사들의 기업공개(IPO, Initial Public Offering)가 예정되어 있다.

매일 아침 경제 뉴스를 읽는 것이 습관화된 나는 또 하나의 좋은 습관을 가지고 있는데, 바로 주기적으로 내 자산을 점검하는 것이다. 앞으로 30년간 내가 모을 수 있는 자산이 얼마인지 계산해본 적이 있는가? 지금 투자를 하고 있는 직장인이라면 연봉, 연봉인상률, 투자금, 투자예상이익률 등을 계산하여 대략적으로 앞으로 5년, 10년, 20년 안에 나의 자산이 어느 정도 될 것인지 가늠할 수 있다. 그러면 내 집 마련, 결혼 비용, 자동차 구매 등 큰 비용들을 계획하기가 훨씬 수월해진다. 우리가 매년 새해 계획을 세우듯이 우리의 자산 계획도 매년 점검하고 업데이트해야 한다. 뿐만 아니다. 나는 오래전부터 근로소득 외 주식이나 ETF 등의 투자소득도 가지고 있다. 경제에 관심을 기울이면 세상의 돈이 어느 쪽으로 흐르는지 보인다. 어느 산업, 어느 회사가 세계의 트렌드를 리드하는지 보인다.

내가 이런 경제통이 된 데에는 어렸을 때 받은 경제 교육도 큰 몫을 했다. 아이들의 경제 교육은 일찍 시작하면 시작할수록 좋다. 일찍 시작할수록 아이의 투자소득은 복리의 마법으로 눈덩이처럼 불어난다. 현재 근로소득과 투자소득을 가지고 있는 나는 세 번째 소득을 가지기 위해 준비 중이다. 내가 잠자는 시간에도 돈을 벌어다주는 콘텐츠 소득이다. 나의 직장생활과 취미를 바탕으로 블로그에 글을 쓰고 유튜브에 비디오를 올려 나만의 콘텐츠를 만들고 있으며, 이 콘텐츠는 '나'라는 개인을 브랜딩해줌과 동시에, 차곡차곡 쌓여 강연, 광고 등 부수입을 만들어주는 자산이 될 것이다.

경제 공부를 한다는 것은 돈의 흐름을 이해하는 것뿐만 아니라 세상을 바라보는 시야를 넓혀주는 일이다. 지역을 바라보는 시야, 산업을 바라보는 시야, 회사를 바라보는 시야를 넓혀준다. 이 넓은 시야는 아이가 직장을 선택할 때에도, 투자를 시작하고 결혼 자금을 준비할 때에도, 사업을 시작할 때에도, 노후를 설계할 때에도 도움이 된다. 기회가 지금 어디에 있고 어떻게 하면 잡을 수 있는지 알 수 있기 때문이다.

오늘부터 이 책을 읽고 아이와 함께 경제 공부를 시작해보자. 몇 년 뒤 아이는 국내뿐만 아니라 세계의 경제 흐름을 분석하고 그 앞을 내다볼 수 있는 넓은 시야를 가진 사람으로, 기회를 찾아내고 포착할 수 있는 사람으로 성장해 있을 것이다.

쉴 새 없이 변하는 세상에 하브루타를 권하다

아이들이 이 사회의 주역으로 살아갈 10~15년 뒤에는 어떤 세상이 펼쳐질까? 그때는 아마 '정답이 없는 세상'이 될 것이다. 우리가 살아왔던 시대에는 정답이 있었다. 학교 선생님과 부모님의 말씀대로 살아가면 큰 문제가 없었고, 나이나 사회적 위치에 따라 지켜야 하는 행동 양식이 있었으며, 모범적이고 필수적인 삶의 절차들도 있었다. 내일은 어제와 크게 다르지 않았고, 오늘처럼만 살아도 내일을 무탈하게 맞이할 수 있었다.

하지만 앞으로의 세상은 완전히 달라질 것이다. 4차산업혁명은 물론이고, 전 세계가 SNS로 연결되는 세상이다. 세상은 너무도 빠르게 변화하고 환경도 그 속도에 맞춰 달라지고 있다. 이런 세상에서 '정답'은 없다. 오늘은 정답이라고 생각했는데 내일은 오답이 될 수 있는 세상이 지금 우리가 살고 있는 세상이며, 아이들이 살아갈 미래는 더욱더 그럴 것이다.

이렇게 빠르고 혼란한 세상에서 아이들이 흔들림 없이, 자신 있게 살아가려면 어떤 능력이 필요할까? 그것은 바로 '끊임없이 답을 찾아가는 능력'일 것이다. 이러한 능력을 길러주는 것이 바로 '하브루타 교육법'이다. 이 교육의 핵심은 '질문과 토론'이다. 정답을 머리로 외우는 것이 아니라, 질문과 토론의 과정을 통해 스스로 찾아가는 것이다. 정답을 외우고 있던 아이는 정답 없는 세상에서 혼란스러움을 느낄 수밖에 없지만, 하브루타 교육에 익숙한 아이들은 질문과 토론을 통해 차근차근 자신의 정답을 찾아갈 수 있다. 쉴 새 없이 바뀌는 정답을 추적해나가는 능력을 키워주는 교육, 그것이 바로 하브루타 교육법이다.

돈을 버는 방식 또한 지금과는 엄청나게 달라질 것이다. 지금까지는 '좋은 직장'에 다니고 '전문직'에 종사하면 많은 돈을 벌 수 있었다. 하지만 지금은 그렇지 않다. 자신이 '좋아하는 일'을 하면서 엄청난 돈을 버는 사람들이 많다. 우리 시대에 '농사일'은 고되고 힘든 일이었으며, 청년들이 농사일을 하면 '왜 젊은 사람이 도시에서 일하지 않고 농사를 짓지?' 하는 삐딱한 시선이 있었던 것도 사실이다. 하지만 지금 시골에서는 젊은이들이 예전에는 상상하지 못했던 방법으로 농사를 짓는다. 스마트팜(smart farm)으로 농작물을 기르기 때문에 땡볕 아래에서 땀 흘리며 농사짓는 광경이 점점 사라지고 있다. 우리가 흔히 아는 농작물로만 한 달에 수천만 원을 버는 20~30대 청년 농사꾼들도 생겨나고 있다. 지금 아이들에게 각광받는 유튜버라든가 프로게이머 같은 직업은 예전에는 아예 없던 신종 직업이다. 수많은 아이디어와 아이템으로 무장한 젊은이들은 자신만의 방식으로 즐겁게 돈을 번다. 앞으로도 돈을 버는 방식은 더 달라지고, 더 다채로워질 것이다. 그러니 유연한 사고방식으로 창의성과 독창성을 발휘하는 사람들이 앞으로 더 각광받을 것이다.

이런 미래형 인재를 길러내기 위해서는 '하브루타 교육'이 제격이다. 아이들은 '하브루타 경제 교육'을 통해 달라지는 시대를 탐구하고 관찰하면서 스스로에게 질문하고 다른 이와 토론해나가면서 새로운 방식으로 돈을 버는 방법을 찾게 될 것이다.

경제활동도 습관이다. 어릴 때 교육받은 돈에 대한 개념이 평생을 지배하고 소비 패턴을 결정짓기 때문이다. 돈에 대한 건강한 인식을 갖고 가치 있게 돈을 쓰는 멋진 부자로 아이를 키우고 싶다면 지금부터라도 꾸준하게 '유대인의 하브루타 경제 교육'에 관심을 기울여야 한다. 무엇이든 처음이 중요하다. 어릴 때부터 부모와 함께 건강한 경제관념과 소비 습관을 길러왔다면 아이는 평생을 진짜 부자로 살아갈 것이다.

물론 이 책이 하브루타 경제 교육의 모든 것을 담고 있는 건 아니다. 다만 경제관념을 어떻게 바꾸어야 하는지, 아이에게 경제 교육을 어떻게 시켜야 하는지 몰라 허둥대고 혼란스러워 하는 부모에게 하브루타 교육의 가치를 알려주는 책으로 읽힌다면 더 바랄 것이 없다. 일상 속에서 아이와 끊임없이 경제에 관해 토론하고 대화하고, 건강한 소비 습관을 보여주고, 돈의 가치를 직접 경험해보게 하는 것이 아이의 경제 교육을 위한 첫걸음이다. 이 책이 그 첫걸음을 떼는 데 조금이라도 보탬이 되기를 바란다.

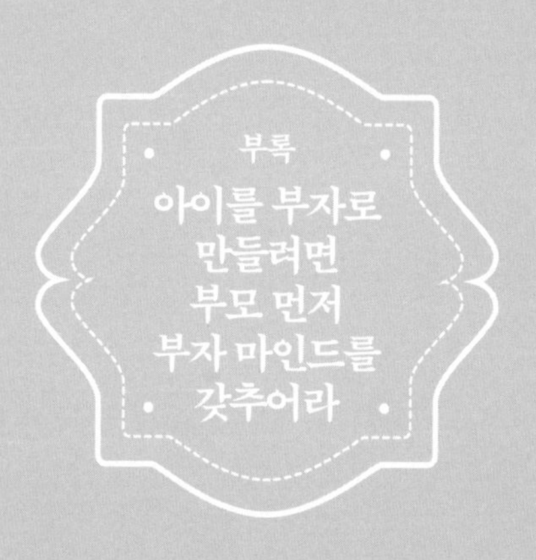

부록

아이를 부자로 만들려면 부모 먼저 부자 마인드를 갖추어라

"부모는 아이의 거울이다." "부모는 아이의 첫 번째 스승이다"라는 말이 있다. 이 책에서도 여러 번 강조한 말이다. 이 말의 의미를 모르는 부모는 한 명도 없을 것이다. 문제는 부모조차 제대로 된 경제 교육을 받지 못해서 스스로 변하고 싶어도 그 계기를 찾지 못하거나 무엇을 어디서부터 시작해야 하는지 혼란스러워 한다는 점이다.

필자는 '하브루타부모교육연구소'를 운영하면서 부모가 먼저 부자 마인드로 거듭나기 위한 부자독서법 '하브루타 밀리어네어' 프로그램을 운영했다. 그 결과 많은 부모님이 놀라운 변화를 겪었다. 혹시 아이의 경제 교육을 위해 내가 무엇부터 해야 하는지 궁금하다면 여기서 소개하는 부모님의 수기를 읽어보자. 무엇을 해야 부자 마인드를 갖춘 부모가 될 수 있는지 확실히 알게 될 것이다.

긍정의 힘이 삶을 리드하다

조은영 님

결혼 15년 차. 특별히 사치를 한 것도 아닌데 돈은 어디로 새는 것처럼 늘 부족했고, 한 번도 저축을 해보지 못했다. 남편은 꼬박꼬박 월급을 갖다 주었고, 내가 돈을 부탁할 때마다 어김없이 내 요구를 들어주었다. 어떻게 보면 남편이 힘든 것도 모른 채, 세상 물정 모르는 아이처럼 살았다. 그러던 어느 날 남편의 입에서 "아, 정말 힘들다"라는 말이 흘러나왔다. 나는 그제야 남편이 마이너스 통장을 사용해왔다는 사실을 알게 되었다. 비로소 남편의 처진 어깨가 보였고 그간 힘들었을 남편의 마음이 헤아려졌다. 나 자신이 한심하게 느껴져 견디기 힘들었다. 나는 왜 이렇게 돈이 없을까? 친구들은 모두 안정적으로 사는 것 같아 내 꼴이 더 한심해 보였다. 인생을 잘못 산 것 같다는 자책감이 밀려왔다. 도대체 어디서부터 잘못되었을까? 언제까지 이렇게 답답하게 살아야 할까? 도대체 어떻게 해야 돈을 벌 수 있을까? 이런 생각이 머릿속을 가득 채우자 우울증이 찾아왔다. 내가 한심하다는 생각에 나 자신을 부정하기 시작했고, 이런 무의미한 삶을 살 가치가 있는지 스스로에게 되물었다.

그러다가 돈에 대해 야무지기로 소문난 지인을 찾아가 돈을 모으고 싶은데 어떻게 해야 하느냐고 물었다. 지인은 내 카드 내역을 보자고 하더니 나의 소비 패턴을 지적했다. 한마디로 개념 없이 지출하고 중복으로 돈을 쓴다는 것이었다. 마트 한 군데에 가서 꼭 필요한 것만 사면 되는데, 두 군데 이상의 마트를 다니면서 물건을 사고, 4인 가족 기준을 훨씬 넘어서는 식재료를 산다고 했다. 그런 상황인데도 사찰에 보시를 하고 기부도 했다.

이 괴로움에서 빠져나갈 대안과 변화가 필요했다. 그러다 '하브루타 밀리어네어' 소식을 듣고 돈의 괴로움에서 빠져나오겠다는 강한 결심으로 등록을 했다. 그렇게 해서 2019년 3월 18일 첫 수업이 시작되었다. 수업에 대한 기대와 설렘에 가슴이 뛰었다. 강한 도전 의식이 꿈틀거리고 수업에 참여해 일원이 된 것만으로도 안도감이 밀려왔다. 왠지 인생의 터닝포인트가 될 것 같았다.

닉네임을 정하는 날, 나는 '여자 김승호'라는 닉네임으로 결정했다. 이미 《김밥 파는 CEO》와 《생각의 비밀》을 읽었고, 유튜브를 통해서도 익숙하게 접해왔던 김승호 회장의 돈에 대한 마인드와 철학이 존경스럽고 멋있었기에 꼭 그분처럼 돈을 벌고 쓰고 싶다는 간절함으로 닉네임을 정한 것이다. 지금 생각해도 참 마음에 든다. 그 후에도 틈날 때마다 김승호 회장의 유튜브를 즐겨 보며 마음을 다지고 돈에 대한 마인드를 키웠다. 그렇게 하브루타 밀리어네어를 공부하면서 나에겐 몇 가지 큰 변화가 생겼다.

첫째, '매일 확언 100번 쓰기-355일'을 실천했다. 첫 100일은 '생활비 중 100만 원 저축했다'라고 썼다. 입으로 말하고 손으로 쓰면서 내용을 눈으로 다시 읽었다. 100번을 반복해서 쓰다 보면 100만 원을 저축할 대안을 스스로 찾게 되었다. 100번 쓰기의 힘은 생각보다 놀라웠는데, 쓰는 동안 나의 뇌가 새롭게 세팅되는 걸 느꼈다. 새벽 100번 쓰기의 힘이 일상생활로 이어지면서 서서히 습관이 변화하기 시작했다. 어느 날 김승호 회장의《생각의 비밀》120쪽을 읽다가 30초 고민하고 벌떡 일어나 가위를 찾아 단호하게 카드를 다 잘랐다. 이 순간이 내가 다시 태어난 역사적인 순간이다. 김승호 회장의《생각의 비밀》에는 이런 내용이 나온다.

"신용카드는 미래 소득을 담보로 주어지는 것이다. 그러나 미래는 절대 현재를 보호하지 못한다. 오히려 그 반대로 현재는 당신의 미래를 보호할 수가 있다. 현재로서는 대책이 없으니 수입이 조금 더 늘면 그때 가서 나의 충고를 받아들일 작정이라면 정말 수입이 늘더라도 그런 결심이 생기지 않을 것이 확실하다. 이것은 수입의 규모 문제가 아니기 때문이다. 당장 가위로 신용카드를 자르고 직불카드를 신청해서 사용하라."

김승호 회장은 100번씩 100일을 쓰다 보면 자신이 어떤 모습을 갖추고 어떤 목표를 이룰 수 있는지 명확하게 알려준다고 했다. 그의 말은 옳았다. 100번을 쓰면서 목표를 향해 나아가는 행동 지침을 스스로 만들 수 있었고, 가능성을 믿게 되었으며, 매일 확고한 동기를 다질 수 있었다. 그렇게 매일 확언쓰기로 의지를 다지고 소비 습관을 개선하면서 마이너스 통장을 깨끗하게 정리하고 드디어 123일 만에 적금 100만 원을 넣었고, 245일 만에 적금 150만 원을 넣었다. 1년이 되던 날 총 적금액은 1,200만 원이었다. 매월 150만 원 적금을 넣고 현금을 손에 쥔 나는 이제 돈으로부터 자유로운 몸이 되었다.

둘째, 취직이 되었다. 확언쓰기를 하다 보니 생활비를 아껴서 저축하는 것도 중요하지만 그만큼 벌어야겠다는 생각이 들었다. 그래서 취직을 해야겠다는 목표가 생겼고 마음속으로 끊임없이 취직을 바랐다. 그러던 어느 날, 이틀간의 알바 제안이 들어왔다. 주급제 이틀 알바로 나와 너무나 잘 맞는 직장에서 일을 시작했는데, 지금은 주 4일 근무를 하고 있으며 첫 월급의 2배를 받고 있다. 내가 밀리어네어를 시작하지 않고 푸념과 막연한 기대로만 시간을 보냈다면 이런 기회가 오지 않았을 것이다. 내가 나를 신뢰하고 긍정의 힘을 확실하게 믿고 매일 확언쓰기를 통해 간절히 원했기에 가능한 일이었다고 말하고 싶다.

셋째, 의식 혁명을 실천했다. 밀리어네어를 공부하기 전에는 경제생활에 관한 청사진이 없었다. 돈을 아끼는 법을 몰랐으며 긍정을 부르는 마인드도 부족했다. 기회를 잡기 위한 간절한 노력도 없었다. 그저 '나도 뭔가를 해보고 싶은데…'라는 막연한 생각만 품은 채 남 탓만 하고 있었다. 그러나 하브루타 밀리어네어를 하면서 의식에 큰 변화가 생겼다. 목표를 성취할 수 있다는 믿음, 해낼 수 있다는 믿음이 행동을 바꾸고 결과를 바꾸었다. '준비-조준-발사'라는 일반적인 방식이 아니라 '준비-발사'하고 그다음에 조준하는 습관이 형성됐다. 어려움이 닥쳐도 이왕 할 거 즐겁게 하고 부정의 언어보다는 긍정의 언어로 말하려고 했다. 이렇게 되기까지 김금선 소장님이 보여주신 긍정의 힘이 큰 도움이 되었다. 소장님을 마음으로 생각하며 나도 소장님처럼 긍정적으로 살고 싶다는 삶의 목표를 굳건히 지켜나가고 있다. 하브루타 밀리어네어는 돈에 국한된 이야기가 아니라 의식을 혁명하는 작업임을 경험한 나는 돈으로부터 자유로워진 기쁨과 의식의 변화로 얻게 된 행복을 만끽하고 있다.

또 다른 목표인 '5년 안에 1억 모으기'도 슬슬 잘 풀리고 있고, 10년 뒤 아이들이 스무 살이 되면 꼭 배우고 싶은 공부를 위해 1년간 아이들과 함께 미국 유학을 떠날 계획이다. 그래서 매일 꾸준히 영어공부를 하고 있고 유학 자금도 모으기 시작했다. 밀리어네어를 공부하기 전에는 허공을 향해 빈말만 쏟아냈지만, 이제는 확실한 목표를 가지고 매일 노력하고 반성하며 성장에 성장을 거듭하고 있다.

하브루타 밀리어네어 1년의 과정을 돌아보니 김금선 소장님과 선생님들이 아니었으면 불가능한 일이었다는 생각이 든다. 작심삼일이 주특기인 내가 '355일간 확언 100번 쓰기'를 할 수 있었던 것은 새벽마다 회원들과 톡방에서 만나 정보를 공유한 덕분이었으며 삶의 길을 잃을 때마다 지지하고 응원해준 분들의 힘 덕분이었다. 그분들이 아니었으면 좌절하고 말았을 것이다. 매일 새롭게 성장하는 삶의 길이 즐거움이자 행복이고, 현재와 미래를 모두 기쁘게 사는 최상의 방법임을 알게 되었다.

돈에 관한 부정적인 생각에서 벗어나는 법

전미령 님

나는 돈이 항상 부족했다. 돈으로 인한 마음고생 또한 이만저만이 아니었다. 그러다 보니 '돈'이라고 하면 부정적이고 불편한 감정이 먼저 들었다. 어릴 때부터 엄마에게 "내가 돈으로 보이니?" "엄마를 내다 팔아라" 같은 말을 들으면서 자랐다. 엄마는 이런 말을 할 때마다 늘 악다구니와 함께 거친 욕설을 덧붙였다. 그러니 '돈'이라고 하면 기분 좋을 리가 없었다.

돈에 관한 부정적인 인식은 이것만이 아니었다. '돈으로 행복을 살 수는 없다.' '돈보다 건강이 중요하다.' '부자들은 모두 자신의 이익만 추구한다.' '부자가 천국을 들어가는 것은 낙타가 바늘귀를 통과하는 것보다 어렵다.' 등의 말을 들으면서 돈에 대한 부정적인 인식은 견고해졌고, 나도 모르게 돈이 없는 나를 위로하며 '그래, 이렇게 사는 게 맞아'라고 착각하며 살아왔다.

하지만 '부자독서법'에 관한 공부를 시작하면서 내가 가지고 있던 돈에 관한 생각을 바꾸기 시작했다. 돈은 살아가면서 꼭 필요한 것이기에 돈에 대해 긍정적으로 생각하기 시작했고, 돈에 관한 부자들의 생각을 나에게 적용하기 시작했다.

아직은 시작 단계지만 먼저 '확언쓰기'를 하면서 돈에 대한 긍정적인 에너지를 불러들이기 시작했다. 그러자 나의 지갑이 가장 먼저 눈에 들어왔다. 나는 명품 지갑을 좋아하는데, 그 지갑 안에는 돈과 영수증이 정리되지 않은 채 구깃구깃 채워져 있었다. 겉만 명품 지갑이지 내용물은 '쓰레기 지갑'과 비슷했다. 그래서 지갑 안을 명품으로 만들기 위한 노력을 기울이기 시작했다.

부자독서법 이전에는 돈이 들어오면 생활비로 쓰기 바빴던 내가 매일매일 저축하는 적금을 들고, 돈이 생길 때마다 주식을 한 주씩 사기 시작했다. 지금은 그 작은 금액의 숫자가 늘어가는 기쁨을 맛보는 중이다. 이것이 언젠가는 나의 종잣돈이 될 것이다.

이런 나의 작은 변화가 우리 아이들에게까지 전달되길 바라는 마음에서 요즘에는 아이들에게도 경제 교육을 시키는 중이다. 여행을 가면서 아이들에게 얼마간의 돈을 나누어주고, 여행하는 동안 그 돈으로 우리 모두에게 의미 있는 소비를 해보라며 독려했다. 또 각자 갖고 싶은 것이 생길 때는 돈을 모아서 자기가 원하는 것을 사게 했다. 그리고 앞으로 돈을 어떻게 잘 모을지에 대한 이야기를 나누었다. 돈을 불릴 수 있는 방법이 무엇인지, 세상의 돈이 어떻게 돌아가는지 토론하기도 했다. 돈에 대해 부정적인 생각을 대물림해주는 것이 아니라 '돈이 행복을 만든다'는 긍정적인 생각을 전해주고 있다.

내가 가꾼 아늑한 나의 집에서 행복하게 살아가는 우리 가족의 모습을 생각하며 흐뭇한 미소를 지어본다.

'나는 누구인가?'를 알게 된 시간들

이영인 님

'나는 누구인가?'

'나는 어떻게 살아가고 싶은가?'

'나는 무엇을 좋아하는가?'

'나는 무엇을 잘할까?'

'나답게 살아가는 모습은 어떤 모습일까? 내가 추구하는 가치관은 무엇일까?'

사춘기 때도 해보지 않았던 이런 질문을 마흔이 다 되어서 나 자신에게 수없이 반복하여 되물으면서 나를 찾아가는 시간을 보낸 몇 년. 그러다가 우연히 하브루타부모교육연구소 김금선 소장님을 알게 되었다.

어떠한 상황에서든 부정적인 생각은 조금도 하지 않고 긍정적인 생각으로 지혜롭게 삶을 살아가시는 모습이 나와는 완전히 다른 스타일이었다. 번뜩이는 아이디어가 있으면 바로 실천하는 모습 또한 나에게는 신선하게 다가왔다. 이분과 함께 '부자독서법'이라는 타이

틀로 매주 함께하다 보면, 그리고 책에서 얻는 지혜를 하브루타식으로 나누다 보면 나도 분명히 변할 수 있을 것이란 확신이 들었다.

'나도 내가 생각하고자 하는 대로 움직이고 변할 수 있지 않을까?' '부정적인 생각이 아닌 긍정적인 생각으로 삶을 좀 더 지혜롭게 선택하며 살아갈 수 있지 않을까?' 그런 기대감에 오랜만에 마음이 설렜다.

수업에서는 돈을 버는 재테크 방법을 배우지는 않았다. 그보다는 '돈에 대한 간절함'부터 배웠고, 그래야만 진정으로 경제적 자유를 누릴 수 있다는 사실을 알게 되었다. 사실 그동안 나는 무소유까지는 아니어도 지금 내게 주어진 것에 감사하고 만족하며 살아야 한다고 생각했다. 돈을 너무 밝히지 않아야 잘 사는 삶이라 생각했다. 늘 누군가에게 베풀며 나누어줄 때 가장 큰 행복을 느끼며 살아가시는 아버지에게 물려받은 성향인지, 나 또한 누군가와 나누는 삶에서 큰 행복을 느끼며 살아가고 있었다. 하지만 아이들이 자랄수록 써야 할 돈의 규모가 커지면서 원하는 만큼 나누며 살 수도 없거니와, 이렇게 한 달살이 패턴으로 살아간다면 노후에 문제가 생기겠다는 걱정도 들었다.

사실 내 뒤에는 든든한 친정 부모님이 계셨다. 그래서 노후 걱정은 크게 하지 않고 살았다. 물론 겉으로는 부모님에게 기대지 않고 살아간다고 생각했는데, 부자독서법을 하면서 나의 내면을 깊숙이

들여다보면서 깨달았다. 하고 싶고 쓰고 싶은 것이 많은데도 돈에 대한 욕심을 내지 않은 이유는 든든한 부모님 때문이었다는 것을.

그런데 남동생의 방황으로 친정 형편이 예전 같지 않아지면서 내 노후가 걱정되기 시작했다. 무엇보다 내가 홀로 설 수 없다는 사실, 경제적으로 독립할 수 없는 사실을 깨달았다. 그런 생각이 들자 공허함과 헛헛함이 물밀 듯 밀려왔다.

나는 아직 부자는 아니다. 하지만 생각은 분명 바뀌었다. 돈을 밝히면 부끄러운 일이라고 생각했고, 아무리 자본주의 사회라도 돈이 행복의 전부가 아니라고 생각했지만 이제는 어느 정도 돈이 있지 않으면 행복할 수 없다는 걸 확실히 알게 되었다. 내가 추구하는 나눔의 삶을 살기 위해서, 그리고 안정적인 노후를 위해서라도 돈은 필요하고, 그 돈벌이가 내가 잘하고 좋아하는 방향으로 조준되어야 한다는 확신이 생겼다. 이렇게 방향을 명확히 찾은 것만으로도 나는 1년간의 부자독서법에 큰 감사를 드린다. 예전 같으면 내가 가진 화살을 과녁에 명중시키기 위해 조준하느라 신중하고 신중하고 또 신중하며 숨을 골랐을 것이다. 그리고 이렇게 하는 게 맞는지 확신이 서지 않아 생각만 무성하게 하고 있었을 것이다. 하지만 지금은 아니다. 우선 화살을 발사하고 명중의 길을 찾아가면 된다는 것을 알게 되었다. 생각만 하면 행동은 더 어려워진다는 것을 알기에 좀 더 적극적으로 변했다. 그간 읽었던 던 책 중에 이런 말이 있다.

"부의 3요소는 3F다. 가족(Family), 신체(Fitness), 자유(Freedom)."

돈만 있다고 부자가 되는 것은 아니다. 희로애락을 함께할 '가족'과 건강한 '신체'는 물론이거니와 내 삶을 내 방식으로 선택할 수 있는 '자유'를 갖추어야 비로소 진짜 부자가 된다고 생각한다. 이 세 가지 요소가 갖추어진 조화로운 진짜 부자를 향해 나는 오늘도 내 일도 흔들림 없이 앞으로 나아갈 것이다.

경제적 자유, 나도 누릴 수 있다!

정윤선 님

처음에는 '하브루타 밀리어네어'라는 부자독서법으로 '어떤 부를 갖게 되는 것일까?'라는 의문이 들었다. 1년이란 시간이 나에게 무엇을 줄지도 무척 궁금했고, 어떤 변화가 일어날지 호기심이 생겼다. 그동안 나는 경제 관련 책을 멀게만 느껴왔다. 지난 1년 동안 부자독서법에 참여하면서 그동안 내가 갖고 있던 생각과 새롭게 배운 내용이 충돌하는 경우도 있었다. 그때마다 하브루타를 통해 이해의 폭을 넓혀가는 과정을 반복했고, 이제는 경제 관련 책도 친숙하게 읽을 수 있을 정도로 독서의 폭이 넓어졌다.

첫 시간은 나의 경제 상황을 살피며 어떤 목표를 설정할지 알아가는 과정이었다. 새로운 경험이면서 반성의 계기도 되었다.

'나는 참 안일하게 노후를 생각했구나!'

어떻게 사고의 전환을 해야 하는지 답을 찾아가는 시간이었다. 현재를 살피고 목표를 설정하고, 그 목표를 위해 무엇을 할지 이미지를 만들면서, 그동안 남들에게 내보이지 못했던 나의 이야기를 꺼내놓는 일은 낯설기도 했지만 소중했다. 사실 나는 목표를 정한 후 '반드시 이루어질 거야!'라고 내뱉는 용기가 없었다. 100일 확언쓰기를 하면서 그 믿음을 이루어내는 멤버의 모습을 보면서도 확신이 부족했다. 하지만 이제 확언이라는 말을 생활에서 뇌가 인식하고 있다는 사실을 알게 되었고, 확언을 거침없이 내뱉는 용기가 생겼다.

경제적 자유! 밀리어네어에 참여하면서 설정한 목표다. 아이를 양육하고 교육하는 대다수의 부모는 경제적 자유를 누리지 못한다. 나도 그런 사람 가운데 하나였다. 좋아하던 여행도, 문화생활도 줄여야 한다는 생각에 화가 나기도 했다. 어쩌면 그런 이유 때문에라도 경제적 자유가 절실했다. 현재 소비 상황을 되짚어보니 한심한 생각도 많이 들었다. 줄줄 새는 비용이 너무 많았다. 특히 신용카드 사용이 문제였다. 경제적 자유라는 목표를 이루기 위해서는 첫 번째로 신용카드 사용을 줄여야 했다. 지금은 체크카드 사용률이 신용카드 사용률보다 현저히 높아졌다.

두 번째는 '돈보다는 ooo가 중요하다'라는 말을 하지 않게 되었다. 살다 보면 돈보다 중요한 무언가가 있기 마련이다. 그런 까닭에 우리는 '돈보다는…'이라는 말을 사용하면서 은연중에 돈의 중요성을 무시하곤 한다. 하지만 경제적 확신을 갖기 위해 이제는 그 말을 사용하지 않는다.

이러한 변화는 나에게 용기를 주었다. 되돌아보면 나는 늘 실패를 두려워했고 위험을 감수하지 못했다. 말은 긍정적으로 하면서도 생각은 부정적이었다. 그런 습관들이 나의 행동력에 제동을 걸곤 했다. 하지만 이제는 '뭐 어때! 실패할 수 있지. 다시 하면 돼'라는 자신감이 생겼고, 나에게 확신을 갖게 되었다. 중요한 것은 이러한 사고의 전환이었다.

공감이 성공을 부른다는 사실도 알게 되었다. 공감이 부족한 내게는 일생의 가장 큰 과제이기도 했다. '공감 표현이 부족한 것일까? 공감력이 부족한 것일까?'를 깊이 생각하게 되었다. 부자들은 공통적으로 기부를 많이 한다. 왜 갑자기 기부 이야기를 꺼내느냐고? 기부와 나눔이 공감과 관련이 있기 때문이다. 나에게 기부 단체란 '확실한 곳이야?' 하는 의문이 먼저 생기는 곳이었다. 그런 내게 변화가 생겼다. '누군가 한 사람은 도움을 받겠지!'라는 마음으로 바뀐 것이다. 공감 표현이 부족하다고 공감력이 없었던 것이 아니라는 사실을 알았다.

당당히 나를 드러내 표현할 수 있는 것, 목표를 향해 적극적으로 나서는 것, 기다리기보다 잡으러 나아가는 것. 이러한 당찬 용기가 경제적 자유를 위한 첫걸음이라는 사실을 알게 되었다. 확신이 부족한 내게 확신을 준 시간임은 확실하다.

이제 나는 좀 더 낡은 습관을 벗어내고 두 번째 걸음을 내딛으려 한다. 내 안에 가득했던 부정적인 경제관념들은 벗어던졌다. 그렇다면 이제 내게도 경제적 자유를 누릴 자격이 있지 않을까?

- 이석봉, '실패는 새 경험 실패 용인이 창업국가 밑거름', <헬로디디>, 2013년 2월 5일
- 커유후이, 《유대인의 돈, 유대인의 경쟁력》, 올댓북스, 2019년 11월
- 신상목, 《학교에서 가르쳐주지 않는 세계사: 일본, 유럽을 만나다》, 뿌리와이파리, 2019년 4월
- 홍익희, [특별기고] '세계를 장악한 유대인 기업가정신의 비밀', <타이쿤포스트>, 2015년 12월 9일

상위 1퍼센트 유대인의 하브루타 경제독립 교육
내 아이의 부자 수업

제1판 1쇄 발행 | 2021년 2월 19일
제1판 11쇄 발행 | 2024년 11월 15일

지은이 | 김금선
펴낸이 | 김수언
펴낸곳 | 한국경제신문 한경BP
책임편집 | 마현숙
기획 | 이진아콘텐츠컬렉션
교정교열 | 최은영
저작권 | 박정현
홍보 | 서은실 · 이여진
마케팅 | 김규형 · 박정범 · 박도현
디자인 | 이승욱 · 권석중
본문디자인 | 디자인 현

주소 | 서울특별시 중구 청파로 463
기획출판팀 | 02-3604-590, 584
영업마케팅팀 | 02-3604-595, 562 FAX | 02-3604-599
H | http://bp.hankyung.com E | bp@hankyung.com
F | www.facebook.com/hankyungbp
등록 | 제 2-315(1967. 5. 15)

ISBN 978-89-475-4687-4 03590

책값은 뒤표지에 있습니다.
잘못 만들어진 책은 구입처에서 바꿔드립니다.